材料科学与工程实验系列教材

总主编　崔占全　潘清林　赵长生　谢峻林
总主审　王明智　翟玉春　肖纪美

超硬材料及制品专业实验教程

主　编　李　颖
副主编　宋　城　李晓普

北　京
冶 金 工 业 出 版 社
北 京 大 学 出 版 社
国 防 工 业 出 版 社
哈尔滨工业大学出版社
2014

内 容 提 要

本书主要介绍超硬材料制造、超硬材料烧结制品、超硬材料电镀制品、普通磨料制造、陶瓷磨具制造、有机磨具制造、温度检测与控制等相关内容的实验。包括超硬磨料质量检测与分析、超硬磨料表面镀覆综合实验、金属粉末工艺性能综合分析、镍和镍钴电镀液及其镀层性能测定分析、酚醛树脂合成及其性能检测、陶瓷结合剂性能检测与分析、温度的检测与控制系统设计、静压触媒法合成金刚石、金刚石陶瓷结合剂制品设计、金属结合剂金刚石工具制备及性能检测等 20 个实验。实验类型包括验证性、综合性、设计性、创新性等。本书适合超硬材料及制品、磨料磨具制造专业本专科学生使用，同时也可用作超硬材料、磨料磨具行业职工培训教材及参考书。

图书在版编目 (CIP) 数据

超硬材料及制品专业实验教程/李颖主编 . —北京：
冶金工业出版社，2014. 8
材料科学与工程实验系列教材
ISBN 978-7-5024-6659-6

Ⅰ. ①超… Ⅱ. ①李… Ⅲ. ①超硬材料—实验—
高等学校—教材 Ⅳ. ①TB39-33

中国版本图书馆 CIP 数据核字 (2014) 第 169150 号

出 版 人 谭学余
地 址 北京市东城区嵩祝院北巷 39 号 邮编 100009 电话 (010)64027926
网 址 www. cnmip. com. cn 电子信箱 yjcbs@ cnmip. com. cn
责任编辑 李 臻 美术编辑 吕欣童 版式设计 孙跃红
责任校对 卿文春 责任印制 李玉山
ISBN 978-7-5024-6659-6
冶金工业出版社出版发行；各地新华书店经销；三河市双峰印刷装订有限公司印刷
2014 年 8 月第 1 版，2014 年 8 月第 1 次印刷
787mm×1092mm 1/16；10. 25 印张；243 千字；148 页
24. 00 元
冶金工业出版社 投稿电话 (010)64027932 投稿信箱 tougao@ cnmip. com. cn
冶金工业出版社营销中心 电话 (010)64044283 传真 (010)64027893
冶金书店 地址 北京市东四西大街 46 号(100010) 电话 (010)65289081(兼传真)
冶金工业出版社天猫旗舰店 yjgy. tmall. com
(本书如有印装质量问题，本社营销中心负责退换)

《材料科学与工程实验系列教材》
总 编 委 会

总主编 崔占全　潘清林　赵长生　谢峻林

总主审 王明智　翟玉春　肖纪美

《材料科学与工程实验系列教材》
编写委员会成员单位

（按汉语拼音排序）

北方民族大学、北华航天工业大学、北京科技大学、成都理工大学、大连交通大学、大连理工大学、东北大学、东北大学秦皇岛分校、哈尔滨工业大学、河南工业大学、河南科技大学、河南理工大学、佳木斯大学、江苏科技大学、九江学院、兰州理工大学、南昌大学、南昌航空大学、清华大学、山东大学、陕西理工大学、沈阳工业大学、沈阳化工大学、沈阳理工大学、四川大学、太原科技大学、太原理工大学、天津大学、武汉理工大学、西南石油大学、燕山大学、郑州大学、中国石油大学（华东）、中南大学

《材料科学与工程实验系列教材》
出版委员会

序　言

近年来，我国高等教育取得了历史性突破，实现了跨越式的发展，高等教育由精英教育变为大众化教育。以国家需求与社会发展为导向，走多样化人才培养之路是今后高等教育教学改革的一项重要内容。

作为高等教育教学内容之一的实验教学，是培养学生动手能力、分析问题、解决问题能力的基础，是学生理论联系实际的纽带和桥梁，是高等院校培养创新开拓型和实践应用型人才的重要课堂。因此，实验教学及国家级实验示范中心建设在高等学校建设上至关重要，在高等院校人才培养计划中亦占有极其重要的地位。但长期以来，实验教学存在以下弊病：

1. 在高等学校的教学中，存在重理论轻实践的现象，实验教学长期处于从属理论教学的地位，大多没有单独设课，忽视对学生能力的培养；

2. 实验教师队伍建设落后，师资力量匮乏，部分实验教师由于种种原因而进入实验室，且实验教师知识更新不够；

3. 实验教学学时有限，且在教学计划中实验教学缺乏系统性，为了理论教学任务往往挤压实验教学课时，实验教学没有被置于适当的位置；

4. 实验内容单调，局限在验证理论；实验方法呆板、落后，学生按照详细的实验指导书机械地模仿和操作，缺乏思考、分析和设计过程，被动地重复几年不变的书本上的内容，整个实验过程是教师抱着学生走；设备缺乏且陈旧，组数少，大大降低了实验效果；

5. 整个高等学校存在实验室开放程度不够，实验室的高精尖设备学生根本没有机会操作，更谈不上学生亲自动手及培养其分析问题与解决问题的能力。

这样，怎么能培养出适应国家"十二五"发展规划以及建设"创新型国家"需求的合格毕业生?

"百年大计,教育为本;教育大计,教师为本;教师大计,教学为本;教学大计,教材为本。"有了好的教材,就有章可循,有规可依,有鉴可借,有路可走。师资、设备、资料(首先是教材)是高等院校的三大教学基本建设。

为了落实教育部"质量工程"及"卓越工程师"计划,建设好材料类特色专业与国家级实验示范中心,实现培养面向 21 世纪高等院校材料类创新型综合性应用人才的目的,国内涉及材料科学与工程专业实验教学的 40 余所高校及国内四家出版社 100 多名专家、学者,于 2011 年 1 月成立了"材料科学与工程实验教学研究会"。"研究会"针对目前国内材料类实验教学的现状,以提升材料实验教学能力和传输新鲜理念为宗旨,团结全国高校从事材料科学与工程类实验教学的教师,共同研究提高我国材料科学与工程类实验教学的思路、方法,总结教学经验;目标是,精心打造出一批形式新颖、内容权威、适合时代发展的材料科学与工程系列实验教材,并经过几年的努力,成为优秀的精品课程教材。为此,成立"实验系列教材编审委员会",并组成以国内有关专家、院士为首的高水平"实验系列教材总编审指导委员会",其任务是策划教材选题,审查把关教材总体编写质量等;还组成了以教学第一线骨干教师为首的"实验教材编写委员会",其任务是,提出、审查编写大纲,编写、修改、初审教材等。此外,冶金工业出版社、国防工业出版社、北京大学出版社、哈尔滨工业大学出版社等组成了本系列实验教材的"出版委员会",协调、承担本实验教材的出版与发行事宜等。

为确保教材品位、体现材料科学与工程实验教材的国家级水平,"编委会"特意对培养目标、编写大纲、书目名称、主干内容等进行了研讨。本系列实验教材的编写,注意突出以下特色:

1. 实验教材的编写与教育部专业设置、专业定位、培养模式、培养计划、各学校实际情况联系在一起;坚持加强基础、拓宽专业面、更新实验教材内容的基本原则。

2. 实验教材编写紧跟世界各高校教材编写的改革思路。注重突出人才素质、创新意识、创造能力、工程意识的培养，注重动手能力，分析问题及解决问题能力的培养。

3. 实验教材的编写与专业人才的社会需求实际情况联系在一起，做到宽窄并举；教材编写应听取用人单位专业人士的意见。

4. 实验教材编写突出专业特色、深浅度适中，以编写质量为实验教材的生命线。

5. 实验教材的编写，处理好该实验课与基础课之间的关系，处理好该实验课与其他专业课之间的关系。

6. 实验教材编写注意教材体系的科学性、理论性、系统性、实用性，不但要编写基本的、成熟的、有用的基础内容，同时也要将相关的未知问题在教材中体现，只有这样才能真正培养学生的创新意识。

7. 实验教材编写要体现教学规律及教学法，真正编写出一本教师及学生都感觉到得心应手的教材。

8. 实验教材的编写要注意与专业教材、学习指导、课堂讨论及习题集等配套教材的编写成龙配套，力争打造立体化教材。

本材料科学与工程实验系列教材，从教学类型上可分为：基础入门型实验，设计研究型实验，综合型实践实验，软件模拟型实验，创新开拓型实验。从教材题目上，包括材料科学基础实验教程（金属材料工程专业）；机械工程材料实验教程（机械类、近机类专业）；材料科学与工程实验教程（金属材料工程）；高分子材料实验教程（高分子材料专业）；无机非金属材料实验教程（无机专业）；材料成型与控制实验教程（压力加工分册）；材料成型与控制实验教程（铸造分册）；材料成型与控制实验教程（焊接分册）；材料物理实验教程（材料物理专业）；超硬材料实验教程（超硬材料专业）；表面工程实验教程（材料的腐蚀与防护专业）等一系列与材料有关的实验教材。从内容上，每个实验包含实验目的、实验原理、实验设备与材料、实验内容与步骤、实验注意事项、实验报告要求、思考题等内容。

　　本实验系列教材由崔占全（燕山大学）、潘清林（中南大学）、赵长生（四川大学）、谢峻林（武汉理工大学）任总主编；王明智（燕山大学）、翟玉春（东北大学）、肖纪美（北京科技大学、院士）任总主审。

　　经全体编审教师的共同努力，本系列教材的第一批教材即将出版发行，我们殷切期望此系列教材的出版能够满足国内高等院校材料科学与工程类各个专业教育改革发展的需要，并在教学实践中得以不断充实、完善、提高和发展。

　　本材料科学与工程实验系列教材涉及的专业及内容极其广泛。随着专业设置与教学的变化和发展，本实验系列教材的题目还会不断补充，同时也欢迎国内从事材料科学与工程专业的教师加入我们的队伍，通过实验教材这个平台，将本专业有特色的实验教学经验、方法等与全国材料实验工作者同仁共享，为国家复兴尽力。

　　由于编者水平及时间所限，书中不足之处，敬请读者批评指正。

材料科学与工程实验教学研究会

材料科学与工程实验系列教材编写委员会

2011 年 7 月

前　言

随着超硬材料行业的不断发展，新技术、新设备、新产品不断涌现，对合成制备超硬材料及制品的原材料选择、配方研究、制造工艺、检测方法等工艺与技术提出了更高的要求。为了满足超硬材料行业专业人才培养和工程技术人员培训的需求，特别是应用型本专科生的学习需求，需要编写一本与《超硬材料制造》《超硬材料烧结制品》《超硬材料电镀制品》《普通磨料制造》《陶瓷磨具制造》《有机磨具制造》等教材相配套的实验教材。本书就是在这样的背景下编写的。

本书以设计性综合实验为主线，从高温高压合成金刚石、检测、金刚石表面镀覆等超硬磨料制造实验开始，到金刚石烧结制品、陶瓷磨具等系统设计实验项目，积极引导学生正确使用实验仪器设备，科学设计实验过程，深入分析实验结果，探索发现科学问题，以达到使学生巩固对所学知识的理解、提高学生分析问题解决问题的能力、培养学生创新思维的目的。

全书共分八章，主要介绍金刚石合成理论基础、工艺与检测，超硬材料烧结金属、电镀、树脂、陶瓷结合剂等相关制品的制造原理、工艺及检测。实验后设有思考题，便于学生自学。本书充分体现"理论教学""实验教学""科学研究"相统一的原则，体现出基础与综合、理论与实践、传承与创新相结合的特色。

本书可作为超硬材料及制品专业的教学用书，也可用作超硬材料、磨料磨具行业工程技术人员的培训教材，适用 60 学时左右。

本书由河南工业大学李颖教授主编，具体编写分工为：胡余沛编写第一章实验 1、实验 2，第三章实验 9，第四章实验 10；黄浩编写第一章实验 3，第六章实验 14；李颖编写第一章实验 4，第八章实验 18；李晓普编写第二章实验 5，第八章实验 19、实验 20，参编第一章实验 1；尹学敏编写第二章实验 6；宋城编写第三章实验7、实验8；樊雪琴编写第五章实验11～实验13；张克勤编写第七章实验15、实验16；李宝膺编写第七章实验17。全书由李颖统稿。燕山大学王明智教授、河南工业大学邹文俊教授认真审阅了书稿，并提出许多宝贵意见。

本书在编写过程中得到河南工业大学材料科学与工程学院的大力支持，在此表示衷心感谢。

作者在编写本书过程中，参考了国内外专家的著作、研究成果等文献，在此表示感谢。由于编者水平所限，书中不当之处难免，恳请同行专家、读者批评指正。

编　者
2014 年 5 月

目　录

第一章　超硬磨料性能检测 ·· 1

实验 1　超硬磨料质量检测与分析 ··· 1

实验 2　超硬磨料表面镀覆综合实验 ··· 11

实验 3　金刚石表面真空镀钛实验 ··· 14

实验 4　激光粒度仪测定金刚石粒度 ··· 16

第二章　普通磨料性能检测 ·· 25

实验 5　磨料的 pH 值测定 ·· 25

实验 6　普通磨料性能检测综合实验 ··· 27

第三章　超硬材料烧结制品性能检测 ·· 41

实验 7　金属粉末工艺性能综合分析 ··· 41

实验 8　压坯密度分布测定 ·· 47

实验 9　金刚石砂轮质量检测——动偏差的测量 ······························· 49

第四章　超硬材料电镀制品性能检测 ·· 52

实验 10　镍和镍钴电镀液及其镀层性能测定分析 ······························ 52

第五章　有机磨具性能检测 ·· 58

实验 11　酚醛树脂合成及其性能检测 ··· 58

实验 12　PVA 浆料的合成及其浆布性能的测定 ································ 65

实验 13　橡胶可塑性的测定 ·· 69

第六章　陶瓷磨具性能检测 ·· 71

实验 14　陶瓷结合剂性能检测与分析 ··· 71

第七章　温度的检测与控制 ·· 75

实验 15　温度的检测与控制系统设计 ··· 75

实验 16　加热炉温度系统校正 ·· 80

实验 17　砂轮磨削性能检测 ·· 92

第八章 综合设计创新实验 ·· 97

实验18 静压触媒法合成金刚石 ·· 97

实验19 金刚石陶瓷结合剂制品设计·· 115

实验20 金属结合剂金刚石工具制备及性能检测······························ 140

第一章

超硬磨料性能检测

实验 1　超硬磨料质量检测与分析

［实验目的］

掌握超硬磨料常用技术条件（如超硬磨料抗压强度、冲击韧性（TI 及 TTI）、堆积密度、形貌观察、磁化率、磁选等）的测定方法，以及相关仪器的使用方法，并依据行业标准，对所测材料的性能和应用范围进行综合评价和判断。

［实验原理及方法］

一、超硬磨料抗压强度测定原理

取某粒度号金刚石试样 40 粒，分别测定其在静压作用下破碎时的负荷值（以牛顿计）。计算出这 40 粒负荷值的算术平均值，并按规定舍去超过平均值一倍者，余者再求平均值，即得该试样的抗压强度值。

二、冲击韧性（TI 及 TTI）测定原理

取一定量超硬磨料基本粒，连同钢球一起装入试样管内，冲击后求得未破碎率。以未破碎率乘以 100 的数值来表征样品的冲击韧性（TI）。

将金刚石放在充有惰性气体的专用设备里加热后所测得的冲击韧性即为热冲击韧性（TTI）。

三、堆积密度测定原理

堆积密度系指在自然堆积的情况下，在空气中单位体积内所含磨粒的质量（g/cm^3）。

超硬磨料堆积密度的测定方法就是将消除静电的干燥磨料，在无震动的情况下，经漏斗流出，通过固定的高度充满一个 $10cm^3$ 容积的量筒，并用黄铜板按一定角度刮去余料，计量出单位体积内磨粒的质量。

四、金刚石形貌观察

（1）金刚石与立方氮化硼（cBN）是世界上最硬的物质，其独特的晶体结构决定了它

的晶体形貌。理想的金刚石单晶应是六、八面体聚形，如图 1-1 所示。

　　但由于受合成腔物理、化学环境条件的影响，往往出现不平衡发育，使个别晶面异常生长，当（111）面受到抑制时，（100）面将过度发育，使晶形向六面体发展，趋近于图 1-1a 所示的晶形。当（100）面受到抑制时，（111）晶面将过度发育，使晶形向图 1-1b 所示的八面体发展，各种过渡晶形如图 1-1 所示。除此之外，由于受各种条件影响，晶体发育过程存在各种缺陷和杂质，例如夹杂物（包裹体）、气泡及堆垛层错等，这些都极大地影响到金刚石单晶的性能，因此备受重视。cBN 也具有同样的特点。

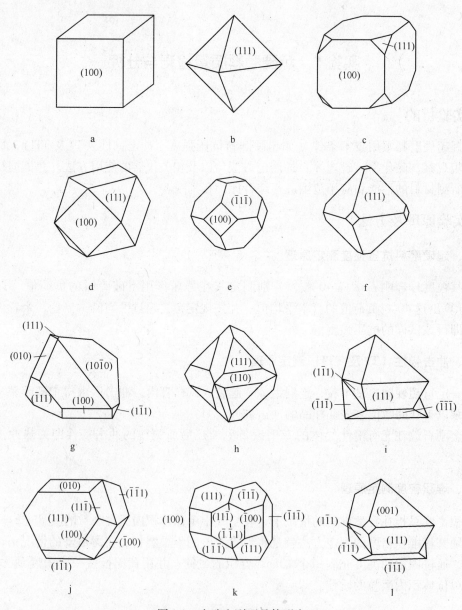

图 1-1　人造金刚石晶体形态

a—六面体；b—八面体；c～f—六面体和八面体聚形；g—畸形晶体；

h—八面体和十二面体聚形；i—尖晶石律双晶；j～l—聚形双晶

（2）将待检金刚石磨料取样，于体视显微镜下观察，区分出等积形、非等积形、完整晶体、连聚晶体，并计算出各类所占比例。

五、磁化率测定原理

纯净的天然金刚石为非磁性物质。人造金刚石由于在合成过程中采用 Ni、Co、Fe、Mn 的合金作催化剂（触媒），故晶体内部含有不同量的金属杂质，这些杂质以包裹体的形式存在，致使金刚石晶体具有感磁性。金刚石磁性的大小用其磁化率来表征，见下式：

$$M = X_m H \tag{1-1}$$

式中，X_m 为磁化率，是一个无量纲的常数；M 为磁化强度；H 为磁场强度。

金刚石磁化率的大小不仅与其内部杂质和包裹体含量有直接的关系，而且也与其他的理化性质和质量指标（如热冲击强度、热稳定性、韧性、密度、色泽、透明度等）具有密切的关系。因此，通过测定磁化率这种简便的无损检测方式，检查和评价人造金刚石的质量状况，并为其合理使用和分类提供依据，具有重要的科学意义和实用价值。

JCC-B 型金刚石磁化率分析仪是专用于测定金刚石等弱磁颗粒状材料磁化率的一种检测仪器。其原理框图如图 1-2 所示。

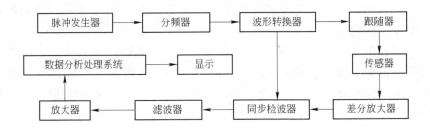

图 1-2　JCC-B 型金刚石磁化率分析仪原理框图

仪器采用电磁感应原理工作，首先由脉冲发生器产生高频振荡脉冲信号，再经过分频器变换成所需频率的方波信号。波形转换器通过权电路将方波转换成正弦波，经跟随器进行幅度控制后作用于传感器。当被测样品插入传感器中时，样品被磁化。产生一个磁场，叠加于传感器上，使传感器的平衡状态被打破，输出一个与被测样品感磁性成正比例的电压信号，差分放大器将该信号放大后送入同步检波器，同步检波器的作用是保持信号的相位一致性。检波后输出的信号经过滤波变换成直流信号，并经放大送入数据分析处理系统，最后由显示电路显示出被测样品的磁化率。

六、金刚石的磁选原理

在强磁场中，磁性颗粒与非磁性颗粒的感磁能力不同，因而所产生的运动轨迹也不同。磁性较强的颗粒受到的磁力大于重力，被吸到磁辊上并随其旋转。当颗粒随磁辊转至磁场作用力以外的位置时，磁性颗粒即从辊子脱落，进入强磁料斗；非磁性及弱磁性颗粒则因其重力大于磁力而从分料槽直接流入弱磁料斗中，从而达到磁选分离目的。

[实验仪器及材料]

（1）抗压强度测定：超硬磨料二分器、自动抗压强度测定仪、单颗粒抗压强度测定仪、待测磨料、载玻片、单面刀片等。

（2）冲击韧性测定：φ200mm 标准振筛机、φ75mm 检验筛网、冲击韧性测定仪及配套专用加热炉、天平（感量 0.1mg）、毛刷等。

（3）堆积密度检测：超硬磨料二分器、堆积密度测定仪、天平（称量 100g，感量 0.0001g）、毛刷等。

（4）金刚石形貌观察：超硬磨料二分器、体视显微镜、计数器、载玻片、单面刀片、毛刷等。

（5）磁化率检测仪器：JCC-B 型金刚石磁化率分析仪、一定量的金刚石（国产和进口两种）。

（6）磁选仪器及材料：人造金刚石磁选机、天平（称量 100g，感量 0.01g）、毛刷等。

[实验内容及步骤]

一、抗压强度测定步骤

（1）将待测金刚石试样按超硬磨料取样方法规定，缩分至 1g 左右，再勺取适量置于载玻片上，用刀片刮成直行。

（2）按顺序镊取第一粒磨料置于下压头上，先量出颗粒尺寸，然后匀速拨动游码加荷。若游码拨至右端满刻度（30N）处，颗粒未破碎，则将游码回零，换成等重砝码加载，然后重新拨动游码加荷。如此反复，直至颗粒破碎。记录下此颗粒破碎时的总负荷值（若在加荷过程中尺寸发生突变，在尺寸下降值不超过原值 1/3 时此粒不计，并要重测一粒）。

（3）卸下加载的砝码，将游码拨回零，清理下压头，镊取第二粒磨料，开始下一颗磨粒的测试。

（4）测完 40 颗金刚石颗粒后，即可按规定处理数据，得出本试样的抗压强度值。

（5）本方法适用于粒度为 70/80 ~ 100/120 的超硬磨料抗压强度的测定；粒度为 16/18 ~ 60/70 的超硬磨料抗压强度的测定使用自动抗压强度测定仪。测定采用自动送样、自动加荷方式。

二、冲击韧性测定内容及步骤

1. 试样准备

（1）筛取基本粒：将待测试样用 φ75mm 检验筛网在标准振筛机上筛分，取基本粒（过上检查筛而不过下检查筛的颗粒）作为待测试样，置于 110℃ ±5℃ 烘箱内烘干 1h，取出放入干燥器中冷却至室温备用。

（2）新钢球打毛：把新钢球用酒精擦洗、晾干，将其和粒度为 40/45 的 0.5g 金刚石一起装入样管内，按表 1-1 规定的冲击次数打毛钢球。

2. 超硬磨料冲击韧性（TI值）的测定步骤

（1）将"频率调节"旋钮逆时针旋转至0位，接通电源预热10min。

（2）开动机器，调节冲击频率为2400r/min。

（3）不同试样按表1-1规定选择冲击次数，并将其设定于"次数设定"拨盘上。

（4）将待测试样称重，精确至0.1mg，使其质量为$0.4_0^{0.0020}$g。

（5）将试样连同钢球装入一端带有硬质合金垫片的试样管内，牢固安装在试样支架上。启动仪器冲击试样。测试中应观察冲击频率的偏移，并用"频率调节"旋钮随时调整，使其偏离值小于3r/min。

（6）将冲击后试样用比基本粒细一号的筛网（表1-2）筛分3min后，称量筛上物，按照下式计算出样品的冲击韧性（TI值），精确至小数点后一位：

$$TI = \frac{m_1}{m} \times 100 \tag{1-2}$$

式中　TI——冲击韧性值；

　　　m_1——冲击、筛分后筛上物质量，g；

　　　m——冲击前试样质量，g。

（7）按规定称取三份试样，分别进行冲击试验，取算术平均值作为试样的冲击韧性测定值。

（8）测试过程中，一次使用一个钢球。每个钢球使用一次。

表1-1　各粒度号人造金刚石冲击次数

粒度号	冲击次数
35/40 及以粗	1600
40/45、40/50、45/50	2000
50/60	2800
60/70	3600
60/80	3800
70/80、80/100	4200
100/120	4600
120/140	4800
140/170	5000
170/200	5200
200/230	5400
230/270	5600
270/325	5800
325/400	6000

表1-2　粒度组成标准（GB/T 6406—1996）　　　　　　　　（μm）

粒度标记	公称筛孔尺寸范围	上限筛 99.9%通过的网孔尺寸	上检查筛		下检查筛			下限筛 不多于2%通过的网孔尺寸
			网孔尺寸	筛上物不多于/%	网孔尺寸	筛上物不少于/%	筛下物不多于/%	
窄　范　围								
16/18	1180/1000	1700	1180	8	1000	90	8	710
18/20	1000/850	1400	1000	8	850	90	8	600
20/25	850/710	1180	850	8	710	90	8	500
25/30	710/600	1000	710	8	600	90	8	425
30/35	600/500	850	600	8	500	90	8	355
35/40	500/425	710	500	8	425	90	8	300
40/45	425/355	600	455	8	360	90	8	255
45/50	355/300	500	384	8	302	90	8	213
50/60	300/250	455	322	8	255	90	8	181
60/70	250/212	384	271	8	213	90	8	151
70/80	212/180	322	227	8	181	90	8	127
80/100	180/150	271	197	10	151	87	10	107
100/120	150/125	227	165	10	127	87	10	90
120/140	125/106	197	139	10	107	87	10	75
140/170	106/90	165	116	11	90	85	11	65
170/200	90/75	139	97	11	75	85	11	57
200/230	75/63	116	85	11	65	85	11	49
230/270	63/53	97	75	11	57	85	11	41
270/325	53/45	85	65	15	49	80	15	—
325/400	45/38	75	57	15	41	80	15	—
宽　范　围								
16/20	1180/850	1700	1180	8	850	90	8	600
20/30	850/600	1180	850	8	600	90	8	425
30/40	600/425	850	600	8	425	90	8	300
40/50	425/300	600	455	8	302	90	8	213
60/80	250/180	384	271	8	181	90	8	127

注：隔离粗线以上者用金属编织筛，其余用电成型筛筛分。

3. TTI 加热炉使用步骤

（1）预热加热炉。

（2）放入待加热金刚石，封闭炉管，通入惰性气体。

（3）设定加热温度（如 900℃），保温时间 10min。

（4）运行设备，开始加热。

（5）加热结束后，冷却物料至室温（当温度低于 300℃时关闭惰性气体）。

（6）取出金刚石，用于测定 TTI 值。

三、堆积密度测定内容及步骤

1. 试样准备

将待测试料用二分器取样，缩分到 25.0g±0.1g，在 110℃±5℃温度下烘干 1h，取出置于干燥器中冷却至室温，使其适应实验室气氛。

2. 超硬磨料堆积密度的测定步骤

（1）调整堆积密度测定仪（图 1-3）的水平度，仔细清扫各部件。

（2）关闭出料口的橡胶球阀，并将测量筒和集料盘放在定位销上。

（3）将试样倒入玻璃容器中，然后加入仪器漏斗内。加料方法为：先沿漏斗壁加料，然后移至中心部位，在加料器不离开料堆的情况下，使物料缓缓地流入漏斗中，由中心向四周均匀散开，自然堆积成锥形。

（4）迅速打开球阀，使试样自由下落，充满测量筒。左手轻扶测量筒，然后右手用刮板刮去多余试样（图 1-4）。轻敲筒壁使筒内物料下沉，并清除量筒外侧及底部的散落颗粒。

（5）称量测量筒中试样的质量，精确到 0.0001g。

（6）重复测定三次，取平均值为结果。

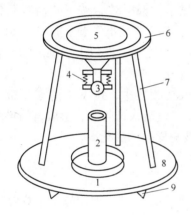

图 1-3　JS72-1 型堆积密度测定仪示意图

1—集料盘；2—测量筒；3—橡皮球；4—弹簧；5—漏斗；
6—漏斗架；7—漏斗支架；8—底座；9—底座脚

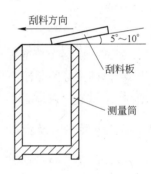

图 1-4　刮料示意图

3. 注意事项

（1）为保证测量精度，刮料操作中要避免震动、冲击及其他干扰因素。操作要放松、迅速。

（2）三次测定的堆积密度值允许偏差应不大于 0.015g/cm³。

四、金刚石形貌观察步骤

（1）仔细观察已制备好的样品，分别画出（111）和（100）晶面发育良好的实际晶体，外貌特征；观察不同等级金刚石单晶形貌的区别；观察各种缺陷存在部位，外貌特征。

（2）将待检试样混匀，按标准方法取样，缩分到 5ct（1ct = 0.2g）左右，再匀取少量于载玻片上，用刀片刮成一条直线待检。

（3）按表 1-3 规定，检查 500 颗磨料。

（4）分别记录下等积形、非等积形、完整晶体、连聚晶体的颗粒数，并计算各种颗粒占总数的百分比。

表1-3   晶形的定义

项 目	定 义
完整单晶体	指晶面、晶棱生长丰满的八面体、十二面体等单晶
等积形	指晶体不完整的单颗粒晶体，并且它的长轴与短轴之比不大于 3∶2
非等积形	长轴与短轴之比大于 3∶2
连聚晶体	指具有一定的晶面和晶棱的两个或多个不完整单晶生长在一起的连生颗粒

五、磁化率测定步骤

（1）试样制备：按国家标准规定的取样方法，称取金刚石样品 20g（±0.1g）备用。

（2）开机：按下仪器右端的电源开关，将仪器通电预热 15min 方可使用。

（3）校准：开机后仪器自动处于复位状态，显示"888.8"，按下"清零"键，当显示"000.0"后，把标准试样轻轻插入接收器中，再按下"校准"键，仪器显示的数据应与标准试样的标准值之差不大于 $\pm 0.3 \times 10^5$，如符合再进行一次以上步骤。如不符合，应重新进行校准工作。

（4）测试：仪器经校准无误后，将空试管插入接收器中，按下"清零"键，仪器显示"000.0"，称量好的金刚石沿着锥形非金属漏斗慢慢流入试管中，形成自然堆积，取下漏斗，按下"测量"键后，仪器显示的数据即为被测样品的磁化率。

六、磁选测定内容及步骤

（1）试样准备。将待测试料在 110℃±5℃ 温度下烘干 1h，取出置于干燥器中冷却至室温，使其适应实验室气氛。

（2）磁选操作步骤为：

1）称取一定量的金刚石试样，倒入给料漏斗内。

2）接通总电源，依次设定分选辊转速、给料速率、磁选电流和分料劈尖角度。

3）观察并调节二级给料器旋钮，以样品颗粒不跳起来，呈均匀的单层给料状态为佳。

4）当分选效果符合要求时，将之前所选物料重新倒回给料漏斗内，开始批量磁选操作。

5）记录下磁选的参数，称量强磁料和弱磁料的质量并进行色泽对比。

6）磁选后应认真清理相关部件，以免混料。

［实验数据及处理］

一、抗压强度的数据处理

（1）将测得的 40 粒负荷值先求算术平均值，然后核对各颗粒负荷值，舍去超过平均值一倍者，余数再取平均值，即为该样的单颗粒静压强度值，见下式：

$$P = \left(\sum_{i=1}^{40} Q_i - \sum_{j=1}^{n} Q_j \right) \Big/ (40 - n) \tag{1-3}$$

式中　P——所求试样的单颗粒抗压强度值，N；

　　　Q_i——每一颗磨料的破碎负荷值，N；

　　　Q_j——负荷超过均值一倍的颗粒的负荷值，N。

（2）颗粒负荷值的分布应符合相关规定，否则视为不合格。要重新选形后再进行测定。

（3）JB/T 7989—2012 规定，抗压强度值低于规定平均值 1/2 的颗粒数不多于 15%；抗压强度值高于规定平均值的颗粒数不少于 50%。

二、冲击韧性的测定数据记录

冲击韧性数据记录及处理表见表 1-4。

表 1-4　冲击韧性数据记录及处理表

试　样	基本粒质量 m/g	设定次数 /次	冲击后质量 m_1/g	未破碎率 /%	冲击韧性

三、堆积密度测试数据的计算及相关规定

记下数据后，按下式进行计算：

$$D = \frac{W}{V} \tag{1-4}$$

式中　D——磨料的堆积密度，g/cm^3；

　　　W——测量筒内磨料的质量，g；

　　　V——测量筒的容积，cm^3。

金刚石各品种所属牌号的堆积密度规定见表 1-5。

表 1-5　金刚石各品种所属牌号的堆积密度规定

牌　号	RVD	MBD（230/270 及以粗）	SMD
堆积密度/$g\cdot cm^{-3}$	不低于 1.35	不低于 1.95	不低于 2.00

四、金刚石形貌观察实验记录及要求

金刚石的晶体形状记录表见表 1-6，不同品级金刚石的晶体形状要求见表 1-7。

表 1-6　晶体形状记录表

项　目	完整晶体	等积形	非等积形	连聚晶体	总　数
颗粒数					
百分数					

表1-7   不同品级金刚石的晶体形状要求（JB 2808—79）

晶体形状	JR₁	JR₂	JR₃							JR₄						
等积形	不低于30%	不低于70%	不低于80%							不低于80%						
完整晶体			36 号	46 号	60 号	70 号	80 号	100 号	120 号	36 号	46 号	60 号	70 号	80 号	100 号	120 号
			8	8	8	12	12	12	10	15	15	18	20	20	25	25
连聚晶体	不超过3%															

注：现行标准 JB/T 7989—2012《人造金刚石条件》中已取消"晶体形态"项。本实验中有关名词定义均按 JB 2808—79中规定。

五、磁选实验数据的记录、结果对比

（1）目测颜色区别（表1-8）或显微镜下观察颗粒表面状况差异。

（2）强磁料和弱磁料各自所占比例。

表1-8   磁选数据记录表

磁选前色泽	磁选后色泽		磁选参数
	强磁料	弱磁料	
质量/g			
比例/%			

[思考题]

（1）各项测定中所出现的误差可能来源于哪些因素？

（2）通过测定，你如何对所测试样进行综合评价？依据是什么？

（3）你认为该试样比较适合用于哪些产品？

实验2　超硬磨料表面镀覆综合实验

[实验目的]

掌握超硬磨料表面湿法镀镍的操作方法，了解相关配方及应用范围。

[实验原理及方法]

一、化学镀镍基本原理

利用自催化还原反应获得金属镀层的方法叫做化学镀。在酸性镀液中化学镀镍的机理是：次亚磷酸根在催化金属钯表面脱生出初生态的氢，初生态氢还原镀液中的镍离子及次亚磷酸根自身，从而生成镍磷合金。

总反应式为：

$$Ni^{2+} + 2H_2PO_2^- + 2H_2O \xrightarrow[\text{加热}]{\text{催化剂}} Ni\downarrow + 2H_2PO_3^- + 2H^+ + H_2\uparrow$$

部分 $H_2PO_2^-$ 在酸性介质中发生歧化反应，还原出磷原子：

$$3H_2PO_2^- + 2H^+ \Longrightarrow 2P\downarrow + 3H_2O + H_2PO_3^-$$

二、电镀镍原理

电镀是在电流作用下的氧化还原过程。电镀中，金属离子在阴极得到电子被还原成金属。作为超硬磨料表面电镀镍，因磨料为非导体，故须先将其表面金属化（化学镀镍）后，再转入专用滚镀瓶中电镀即可。

（1）增重量的定义：由于磨料是尺寸和形状各不相同的粒群集合体，所以不用镀层厚度而用增重量来表征其表面镀层的多少。增重量即镀层质量占磨料质量或总质量的百分含量。那么，颗粒表面镀层实际增重率的大小可由称重法测得。

（2）增重量的控制：由法拉第定律可以知道，电镀时阴极析出的实际金属量 m' 为：

$$m' = KIt\eta \tag{1-5}$$

式中，电化学当量 K 及电流效率 η 对于确定的镀液来说是已知的。即金属析出量 m' 是电流强度 I 和时间 t 的函数，亦即 $m' = f(I,t)$。所以理论上讲，电镀操作时通过控制 I 的大小和 t 的长短即可达到控制镀层质量的目的。

[实验仪器及材料]

（1）化学镀镍：天平、水浴锅、烧杯、玻棒、精密 pH 试纸、药品等。
（2）电镀镍：金刚石表面镀覆装置、电炉、天平、电镀液、精密 pH 试纸、导线、烧杯、玻棒、温度计、药品等。

［实验内容及步骤］

一、化学镀镍前处理步骤

（1）净化。用碱液化学法除油使表面清洁。

（2）粗糙化。采用化学粗糙化方法，即用硝酸盐在熔融状态下处理磨料，使磨料表面受到轻微腐蚀。

（3）亲水化。用1∶1盐酸，煮沸10~20min，以改善其亲水程度。

（4）敏化。目的是在磨料表面吸附一层容易氧化的敏化剂，为建立催化中心做准备。具体配方见表1-9。

（5）活化。敏化后的磨料在活化液中，其表面会形成一薄层具有催化活性的贵金属薄膜，此为化学镀反应的催化剂，以引发金属离子的还原反应，且使反应只局限于在磨料表面进行。离子型活化液的配方见表1-10。

（6）还原。以3%次亚磷酸钠液处理活化后的磨料（表1-11），防止将活化液带入化学镀镍液中。处理后的磨料不经水洗可直接放入化学镀液中。

表1-9　敏化液配方

项　目	氯化亚锡 /g·L^{-1}	盐酸 /mL·L^{-1}	锡粒/颗	T/℃	t/min
参　数	10	40	2	室温	5

表1-10　活化液配方

项　目	氯化钯/g·L^{-1}	盐酸/mL·L^{-1}	T/℃	t/min
参　数	0.5	20	室温	10

表1-11　还原液配方

项　目	次亚磷酸钠/g	水/L	T/℃	t/min
参　数	30	1	室温	3

二、化学镀镍的步骤

把经镀前处理的磨料移入符合反应条件的化学镀液中，在不断搅拌下反应一段时间，待镍沉积达到3%增重率后即可转入下一道电镀工序。反应过程中注意将镀液的温度及pH值控制在配方要求的范围内。

化学镀液工艺配方见表1-12。

表1-12　化学镀液工艺配方

项　目	硫酸镍 /g·L^{-1}	次亚磷酸钠 /g·L^{-1}	柠檬酸钠 /g·L^{-1}	乙酸钠 /g·L^{-1}	pH值	T/℃
参　数	25	20	10	10	4.1~4.2	85~90

三、电镀镍

（1）按照表 1-13 的配方配制电镀液备用。

（2）将已化学镀镍的金刚石磨料移入电镀滚瓶内。注入 1L 电镀液。

（3）将滚瓶放在装置支架上，装配阳极（用涤纶袋套好、扎紧）和阴极，接好电路。

（4）设定增重量。假设电镀需要的增重量为 2g。拨动"设定拨码"值到 200（10mg/单位数字），调节电流效率旋钮为 95，微调旋钮为 7.5。然后开启电源开关，调节电流大小及滚瓶转速合适，即开始电镀。

（5）随着反应的进行，装置会连续显示阴极析出的镍质量，待达到设定的拨码值时，装置会自动断电关机。

（6）反应中应经常测定并调整 pH 值，使符合工艺要求，并注意观察阳极状况。反应结束后，将磨料洗干净，烘干并称重。

（7）数据记录及处理见表 1-14。

表 1-13　电镀液工艺配方

项　目	硫酸镍 /$g \cdot L^{-1}$	氯化镍 /$g \cdot L^{-1}$	硼酸 /$g \cdot L^{-1}$	pH 值	T/℃	i_K /$A \cdot dm^{-2}$	n /$r \cdot min^{-1}$
参　数	300	70	40	3.8～4.2	40～50	0.5～1.0	15

表 1-14　金刚石磨料表面镀镍数据记录表

镀前质量	设定增重率/%	增重量/g	设定拨码值	镀后质量/g	实际增重率/%

[思考题]

（1）超硬磨料表面镀镍有何作用？可用于哪些方面？

实验3 金刚石表面真空镀钛实验

[实验目的]

实现超硬磨料表面真空镀钛，在超硬磨料表面得到均一的钛镀层，使金刚石与钛镀层实现化学结合，钛镀层结合牢靠，结合力强。基本掌握金刚石表面真空镀钛的方法。

[实验原理及方法]

（1）金刚石表面镀钛的原理。在真空中，金刚石具备比空气中高的耐热性。金刚石在高温下，具有和亲和性金属（如 Al、Cr、Ti、V、Mn）结合形成碳化物的能力。将高纯钛粉和金刚石颗粒均匀混合，利用钛在高真空下的微蒸发特性，使钛蒸气在金刚石表面形成 TiC 层，进而逐渐生长，过渡到钛金属层。

（2）原材料的选择原则。高强度，晶形好的金刚石，便于观察表面形貌的变化及金属镀层的状态。

[实验仪器及材料]

（1）金刚石表面真空镀钛设备：
CMD 5000 真空微蒸发镀钛机：1 台(套)；
托盘天平：1 台；
标准筛网：1 套；
体视显微镜：1 台；
粗砂纸：4 张。
（2）原材料种类：
高强度，晶形好的金刚石（50/60）颗粒：200g；
高纯度镀钛专用钛粉：40g。

[实验内容及步骤]

（1）镀钛工艺流程及设置。将金刚石（50/60）颗粒准确称量200g（即1000ct），高纯度镀钛专用钛粉称量40g；将金刚石与钛粉均匀混合，并过25号筛网。将混合料装入专用镀钛小筒中，在表层覆盖一层薄钛粉。将镀钛机温控表设置为780℃，即镀钛温度为780℃。

（2）镀覆操作过程。将镀钛小筒放入镀钛室，关上镀覆室盖，并将热偶杆接触到小筒中表面的钛粉。关闭放气阀并开启真空泵，并缓慢打开截止阀门。待真空度抽到−0.1MPa 指示时，打开限流阀，并开启加热开关。待温度升至设置温度时，开始记录镀覆起始时间。在780℃保温1h，到点关闭加热开关。待温度降到200℃时，关闭截止阀和限流阀，接着关闭真空泵开关。

（3）镀覆金刚石的分离。待镀钛机冷却到室温时，打开放气阀，开盖取出小筒。倒出镀覆料，用砂纸研磨镀覆材料，并过70号试验筛，得到镀钛金刚石。

（4）镀钛金刚石的检测。将镀钛金刚石置于体视显微镜下，在阳光下观察镀钛金刚石并得到镀钛金刚石的照片。

［实验注意事项］

是否每个晶面都有均匀致密的钛镀层，是否存在漏镀和镀覆不均匀的现象？无以上现象即为合格的钛镀层金刚石。

［实验报告要求］

（1）叙述金刚石镀钛过程，并指明镀钛过程中容易忽略的步骤。
（2）得到完好的镀钛金刚石，并采集金刚石镀钛前后的照片。

［思考题］

（1）其他亲和性金属能否通过真空微蒸发镀覆得到？
（2）钛镀层与金刚石结合关系，钛层与金刚石的过渡界面之间的结合力是什么？
（3）镀钛温度高低对金刚石的性能有哪些影响？
（4）镀钛对金刚石在超硬工具制造中的优点有哪些？

参 考 文 献

［1］王艳辉，王明智，关长斌，等. Ti 镀层对金刚石-铜基合金复合材料界面结构和性能的作用［J］. 复合材料学报，1993，10(2)：107 ~ 111.
［2］王艳辉，王明智，臧建兵. 金刚石真空微蒸发镀钛技术新进展及应用［J］. 金刚石与磨料磨具工程，1998，105(3)：2 ~ 6.
［3］臧建兵，王艳辉，王明智. 镀钛超硬材料微粉及应用［J］. 金刚石与磨料磨具工程，2000，116(2)：6 ~ 7.
［4］臧建兵，赵玉成，王明智，等. 超硬材料表面镀覆技术及应用［J］. 金刚石与磨料磨具工程，2000，117(3)：8 ~ 12.
［5］王艳辉. 金刚石和立方氮化硼超硬磨料表面处理技术应用及发展［J］. 金刚石与磨料磨具工程，2009，169(1)：5 ~ 12.

实验4 激光粒度仪测定金刚石粒度

[实验目的]

了解 Microtrac S3000 激光粒度分析仪的结构、工作原理等。基本掌握使用 Microtrac S3000 激光粒度分析仪对微粉粒度进行分析的方法。熟练分析 Microtrac S3000 激光粒度分析仪的检测报告。

[实验原理及相关概念]

一、仪器结构与原理

Microtrac S3000 粒度分析仪测量粒度及分布的原理如图 1-5 所示。激光束投射到一个透明的样品池上，样品池中含有运动着的且悬浮在循环液中的样品粒子束，投射到粒子上的光线被散射开，散射的光以一定范围角度到达检测器上，被光敏检测器矩阵检测到。光敏检测器在特定的角度测得光通量，转换成电信号并且其正比于所测得的光通量，然后通过计算机处理系统得到一个多通道的粒度分布图。

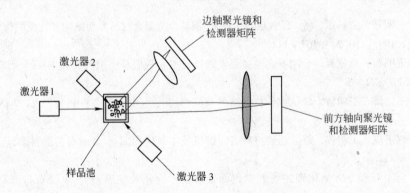

图 1-5 Microtrac S3000 散射光测量系统

二、相关概念及参数设置

（1）背景偏差：所有从样品散射来的到达矩阵检测器上的光都将成为图形的一部分。不是从样品上得到的光，如反射光、剩余污染物来的光都用 Setzero（设置零）这个功能补偿。

当系统中没有注入样品时，"Setzero"命令通过 M 软件只测量背景信息并存储在计算机中。软件从后来测量样品的数据中自动地减去这个背景值。每一个新样品加入之前，必须执行 Setzero 命令。

当背景值增加到超出某一预定值时，在完成 Setzero 命令后，软件也会提示警告信息："High Background"。尤其当经常分析小于 5μm 的粒子时，精细粒子容易附着在样品池内窗户壁上，而使背景值增高，因此必须经常清洗样品池。

（2）球形颗粒：最重要的信息是颗粒形状。球形颗粒在散射幅度上变化最大。由于入射光和围绕颗粒周围的散射光之间干涉会引起共振，因此球形粒子有光学共振能力。若选择球形粒子，则认为所有的颗粒都是球形，或是在一定条件下当做球形处理。例如，悬浮液中的液体、聚苯乙烯球、固态的玻璃球等都是典型的球形颗粒。

（3）不规则形状：大多数颗粒是非球形的，包括磨料、机碎料、单晶、陶瓷及结晶材料。非球形材料的光学共振消失，所以散射光的变化比球形颗粒小得多，理论上的修正考虑了非球形和无共振的情况。因此，如果颗粒是非球形的但选择了球形模式，在共振区将会估大粒子，测量结果会偏移。反之，如果是有强共振的球形颗粒而选择了非球形模式，就会计算出并不存在的小颗粒尺寸，因为共振函数是随着颗粒尺寸和折射率的变化而加大变化的。

（4）透明度：透明或不透明的选择也很重要。不透明的颗粒不能透光，球形和非球形的区别也就不重要了。如果颗粒不透明，可以测量出反射和吸收的差别。金属粉末都被认为是反射的，炭黑、焦炭、煤则是吸收的代表。反射和吸收的选择不如其他选择重要。对于透明颗粒，需要选择颗粒和循环液的折射率，这些参数决定了响应函数和响应模式的位置及大小。

［实验仪器及材料］

超声波清洗机、Microtrac S3000 激光粒度分析仪、金刚石微粉、烧杯、滴管、分散剂等。

［实验内容及步骤］

一、样品制备

容易分散的颗粒可以直接加入到样品循环仪中。对于不容易分散的样品，除了用机械能（如超声波分散）将其分散成各个独立的颗粒外，还需要添加分散剂或其他的湿润剂。

样品制备分两步：

（1）湿润：湿润的目的是减小表面张力，使样品容易在循环液中混合和稀释。湿润好的样品很容易自由地分散在循环液中。湿润剂可以是水、表面活性剂、分散剂及有机溶剂等。

（2）分散样品：使用机械能量作用在样品上，使之分散成单个颗粒，如超声波分散。取适量待测试料于烧杯中，加少许分散剂和水，置于超声波仪中分散一定时间，分散好后即可进行测试。

二、激光法测定金刚石粒度步骤

测试步骤及测量参数的设置以 M0/0.5 金刚石微粉样品为例说明。

1. 分析参数设置

（1）从"Select Menu"中选定测量仪器的型号。

（2）从"Setup"中选择"Measurement"，打开测量设置对话框，如图 1-6 所示。

（3）点击"Timing"按钮，弹出"Timing"对话框。

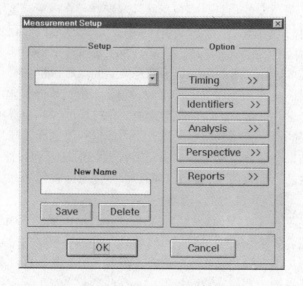

图 1-6   测量设置对话框

设置参数为：Setzero：30sec；

　　　　　　Run Time：30sec；

　　　　　　Number of Runs：3。

然后点击"OK"关闭对话框。

（4）点击"Identifiers"按钮，弹出"Identification Setup"对话框，如图 1-7 所示。输入样品识别标记，例如 diamond1# 等。然后点击"OK"关闭对话框。

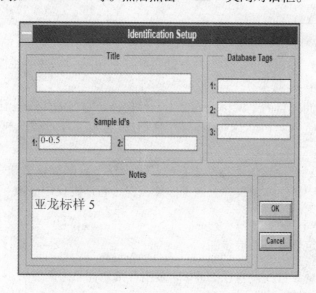

图 1-7   识别设置对话框

（5）点击"Analysis"按钮，弹出"Analysis Setup"对话框（图 1-8）。设置参数如下：

Particle Informations：

New Names：Diamond1#，Refractive Index：2.45，

Transparency：Transp 透明，Spherical Particles：☒；

Fluid Informations：

New Names：water，Refractive Index：1.33，Filter：☒。

然后点击"OK"关闭对话框。

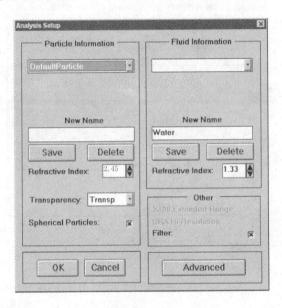

图1-8　分析设置对话框

（6）点击"Perspective"按钮，弹出"Perspective Setup"对话框，如图1-9所示。

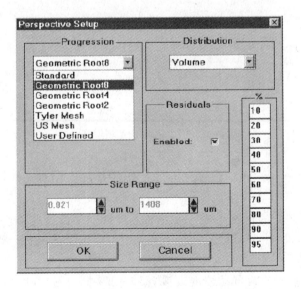

图1-9　算法设置对话框

设置参数如下：

Progression：Geometric Root8；

Size Range：0.021 to 1408；

Distribution：Volume；

Residuals：Enabled。

然后点击"OK"关闭对话框。

（7），点击"Report"按钮，弹出"Report Setup"对话框，如图1-10所示。

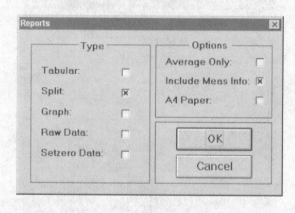

图1-10 样品检测报告设置对话框

设置参数如下：

Type：

Tabular：$\times$（排成表格）；

Split：$\times$（图形及表格分开）；

Graph：

Raw Data：

Setzero Data：

Options：

Average Only：$\times$

Include Meas Info：$\times$。

然后点击"OK"关闭对话框。

至此，"Measurement Setup"设置完毕，点击"OK"关闭对话框。

2. 循环仪设置

用蒸馏水注入样品循环仪水槽到一定液面。选择循环流速为60～75。控制按钮置于"循环"。

3. Setzero 检测

点击"S/Z"按钮，开始自动校准及设置零背景测量。运行后提示"Setzero Successful"后可以加入样品。如果弹出"High Background"对话框，则需要对循环仪进行再清洗或按照对话框提示操作。

4. 加载样品

点击"Loading"按钮，弹出"Sample Loading"对话框，如图1-11所示。"Status"提示"Add Sample"后开始加载样品。用吸管将样品滴入循环仪水槽进入循环系统。注意加样图上样品位置应在绿区。此时"Status"提示"Ready"。然后点击"Close"关闭对话框。

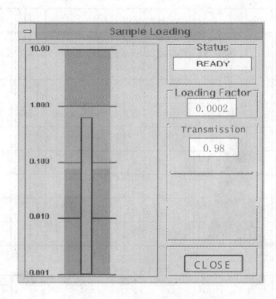

图1-11　样品加载对话框

5. 点击"Run"按钮

三次测量完成后，自动显示三次测量的平均数据、图形，并可打印检测报告。

[实验数据及处理]

Microtrac S3000激光粒度分析仪检测报告如图1-12所示。

该报告分五个区域：一区为样品信息及摘要数据（Sample Information and Summary Data），二区为通过百分比和通道数据百分比数据（% PASS AND % CHAN Numerical Date），三区为累积体积曲线（Cumulative Graph），四区为相对体积曲线（Relative Graph（% CHAN）），五区为测量参数（Measurement Parameters）。图中不同区域的意义如下。

一、样品信息及数据摘要（Sample Information and Summary Data）

（1）样品信息：分析仪器所选择的模式、样品简要信息、公司名称、分析日期和时间等。

（2）Percentile：软件所选择的典型百分比，表中数据为比所显示颗粒尺寸小的颗粒所占体积分数（如果所有颗粒的密度相同也可显示质量分数）。

百分比"50"对应的值即为熟知的"中值直径"，它是几次测量的"平均颗粒尺寸"。

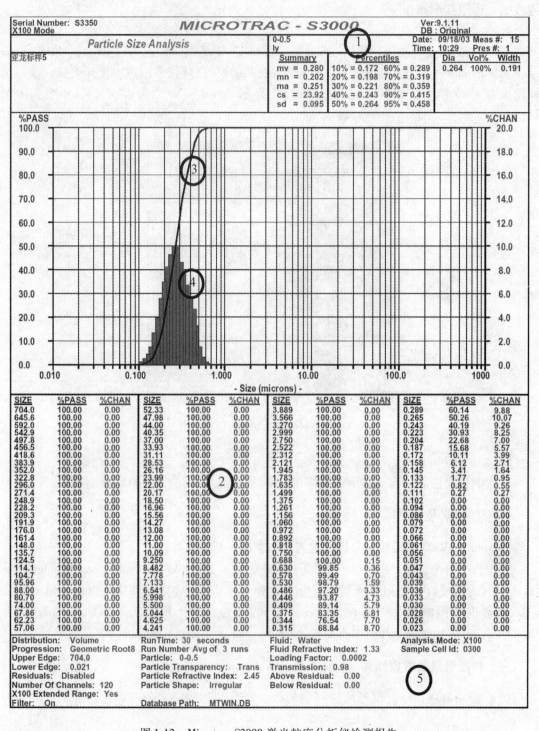

图 1-12　Microtrac S3000 激光粒度分析仪检测报告

（3）Summary：mv、mn、ma、sd 分别按下式计算：

$$mv = \frac{\Sigma v_i d_i}{\Sigma v_i} \quad mn = \frac{\Sigma(v_i/d_i^2)}{\Sigma(v_i/d_i^3)} \quad ma = \frac{\Sigma v_i}{\Sigma(v_i/d_i)} \quad sd = \frac{84\% - 16\%}{2} \quad (1\text{-}6)$$

　　mv：按体积分布所计算出的平均直径（μm）。

　　mn：按数量分布所计算出的平均直径（μm），由体积分布数据计算而来，该方程计算受小颗粒影响较大。这种"平均颗粒尺寸"与颗粒数量有关，比 mv 计算的数据小。

　　ma：按面积分布所计算出的平均直径（μm）。

　　cs：计算比表面积。计算时假设颗粒光滑、实心、球形。该值不能与 BET（平衡发射极晶体管法）或其他吸附方法测量的比表面积值互换。计算出的比表面积不反映颗粒的气孔或独特的形状特性。

　　sd：标准偏差（μm）。与统计学上的测量误差值不同。

　　(4) Dia，Vol%，Width：Microtrac 软件自动将粒度分布分成一个或多个峰。下面的数据对应于每一个粒度分布峰：

　　Dia：每一个峰体积百分比为 50% 对应的直径。

　　Vol%：每一个峰对体积分布贡献的百分数。

二、通过百分比和通道数据百分比（% PASS and % CHAN Numerical Data）

　　测量范围被划分成固定尺寸的通道或粒度。在数据表中左侧是尺寸（SIZE），单位为微米。中间一列是累积数据值（% PASS），与某一尺寸同一行的累积数据值的含义是"比某尺寸小的颗粒累积所占的百分比"。右侧数据是通道数据体积百分比（% CHAN），被读作"某尺寸及小一号尺寸之间的颗粒所占的体积百分比"。例如，在打印输出数据中，中间一列数据为 10.11% 的含义是比 0.172 μm 小的颗粒占 10.11%，并且在 0.172 ~ 0.158 μm 之间的样品占 3.99%。

三、累积曲线（Cumulative Graph）

　　通过百分比曲线是一条累积曲线，由数据区中间一列（% PASS）数据绘制而成。所要测量的粒度大小与累积曲线的交点值对应到左侧坐标轴，即累积体积百分比。

四、相对曲线（Relative Graph（% CHAN））

　　相对体积曲线对应右侧坐标轴。可以直观、粗略地给出某粒度颗粒占总体积的相对百分比。例如，占总体积 7% 的颗粒约 0.2 μm。定量的值从数据表中读出。

五、测量参数（Measurement Parameters）

　　在分析报告的下部是与测量有关的参数设置。

［思考题］

　　(1) 粒度分析准确度与哪些因素有关？

　　(2) 每次测量前为什么必须进行"Setzero"设置？

　　(3) 球形颗粒、透明度、不规则形状等参数的设置对粒度分析有何影响？

参 考 文 献

［1］王秦生. 超硬材料制造［M］. 北京：中国标准出版社，2002.

［2］国家技术监督局. GB/T 6406—1996 超硬磨料　金刚石或立方氮化硼颗粒尺寸.

［3］中华人民共和国工业和信息化部. JB/T 7989—2012 超硬磨料　人造金刚石技术条件.

［4］中华人民共和国工业和信息化部. JB/T 3854—2012 超硬磨料　堆积密度测定方法.

［5］中华人民共和国工业和信息化部. JB/T 10985—2010 超硬磨料　抗压强度测定方法.

［6］中华人民共和国工业和信息化部. JB/T 10987—2010 超硬磨料　人造金刚石冲击韧性测定方法.

［7］李鸿年，等. 实用电镀工艺［M］. 北京：国防工业出版社，1990.

第二章

普通磨料性能检测

实验5　磨料的 pH 值测定

［实验目的］

通过本实验掌握 pH 计的使用方法和磨料 pH 值的测定方法。

［实验原理及方法］

普通磨料在制作磨具的过程中，为了选用合适的结合剂以保证产品的质量，一般要对其进行 pH 值的测定。磨料 pH 值的测定实际上是将定量的磨料在定量的蒸馏水浸渍下，测定该浸渍水的 pH 值。

［实验仪器及材料］

（1）PHS-25 型酸度计；（2）三角烧杯、电炉等；（3）棕刚玉和白刚玉试样。

［实验步骤］

对棕刚玉和白刚玉进行 pH 值测定，实验步骤如下：

（1）试样制备。粒状试样用四分法缩至 100～150g，装入试样袋内，在（105±5）℃烘箱内干燥 1h，存放在干燥器内冷却备用。

（2）PHS-25 酸度计的操作方法。仪器外部各部件的位置和名称见图 2-1。

首先按图 2-1 所示方式装上电极杆和电极夹，并按需要的高度紧固，然后装上电极，支好仪器背部的支架，在打开电源开关之前，把"范围"开关置于中间位置。仪器经标定后（本仪器在使用前已标定过，不可变动"定旋钮"）即可用来测定样品的 pH 值，步骤如下：

1）将"范围"开关至于所需挡，如不清楚 pH 值范围，可先用 pH＞7 的挡。

2）把电极轻轻插入未知溶液内，稍稍摇动烧杯，电极响应时间缩短。

3）调节"温度"电位器使之指示溶液温度。

4）置"选择"开关于"pH"挡。

此时仪器所指 pH 值即未知溶液的 pH 值。

（3）测试步骤如下：

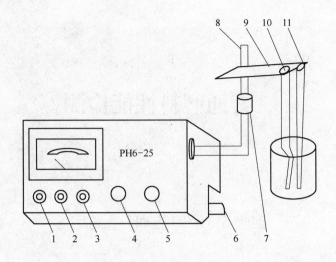

图 2-1　实验装置图

1—电源指示灯；2—温度补偿器；3—定位调节器；4—功能选择器；

5—量程选择；6—仪器支架；7—电极杆固定套；8—电极杆；

9—电极夹；10—甘汞参比电极；11—玻璃电极

1）称取已干燥的试样 25g，放入 250mL 三角烧杯中；

2）烧杯中注入煮沸的水 100mL，在电炉上加热煮沸 3min；

3）取下烧杯，以流水冷却至（25±2）℃；

4）在 20min 内，用 pH 计测量/读数（取小数点后两位）。

[**实验报告要求**]

（1）实验名称；

（2）进行本实验的指导思想；

（3）实验目的、实验要求、实验原理、所用仪器设备、实验方案、实施手段、测试方法、工作计划与日程安排、实验步骤、实验记录及数据处理、实验结果分析与讨论、实验结论等；

（4）简述进行该实验的收获，提出改进本实验的意见或措施。

[**思考题**]

（1）测定磨料的 pH 值有何意义？

实验6 普通磨料性能检测综合实验

[实验目的]

普通磨料性能检测综合实验是一门综合实验教学课，它主要论述普通磨料的物理性能指标检测的原理、实验仪器、实验方法等，是磨料磨具方向学生在校学习必须掌握的专业技能。

通过实验教学，使学生加深对专业课程基本理论知识的理解，培养实践动手能力，使学生熟悉普通磨料物理性能检测的方法，运用所学的理论知识，要求学生掌握检测普通磨料的粒度组成、堆积密度、强度、亲水性、磁性物含量、微粉粒度组成等方法，通过实验数据结合磨料质量标准，了解磨料是否达标及存在的质量问题，达到理论和实践相结合的目的，提高学生的动手能力、实验技能和创新能力。

[实验原理及方法]

一、筛分法测定磨料粒度组成的原理

为了适应研磨和磨具生产的需要，电冶制得的块状磨料必须经过加工破碎，制成各种不同几何尺寸的颗粒，然后通过筛网分选（微粉用水选法）得到各种粒度的磨料成品。

事实上筛分（或水选）得到的颗粒不可能所有尺寸大小一致，因此才有粒度组成的规定。粒度组成通常将每一种粒度号的磨料颗粒分为最粗粒、粗粒、基本粒、混合粒、细粒五种粒群，并分别规定其质量分数。

磨料粒度对加工工件表面粗糙度和磨削效率有着直接的影响。粒度组成是磨料的重要质量标准之一。

筛分法是磨料在一定的筛分条件下，通过检查筛网以确定其粒度的尺寸是否符合标准，即各粒群的质量分数是否符合国家标准的粒度组成规定。为了保证测定结果的准确性，检查筛网尺寸务必检验校正。

二、磨料亲水性的检测原理

磨料具有亲水性。它主要取决于晶体结构，人造磨料晶体结构多属原子键或离子键。它们与某些晶体表面呈现分子键的疏水性物质不同，其与水分子之间的引力均大于水分子本身之间的引力，因而易被水所润湿，不同程度地适应了陶瓷和涂附磨具生产工艺的要求。

磨料的亲水性是磨料的基本性质之一，亲水性的大小将是决定磨料与结合剂结合牢固程度的重要因素，从而直接影响着砂轮强度。对涂覆磨具所用的磨料，亲水性更是一项重要的参数。在微粉生产过程中，亲水性的大小又可影响分级和沉淀。

磨料亲水性的测定常采用毛细现象的原理。在一定直径的玻璃管内，紧密堆积磨粒，使其相互间形成无数的毛细管，当玻璃管下端浸入水中时，由于磨料的亲水性，水在一定的时间内上升达到一定的高度，以此来衡量亲水性的大小。

三、磨料磁性物的测定原理

普通磨料在加工制粒过程中，虽经磁选工序处理，但仍难免混有磁性物，一般磨料中含有的磁性物质，其成分和来源较为复杂，有冶炼中的硅铁、铁合金或包裹体引入的以及制粒加工过程中设备磨损的纯铁和铁合金等。磁性物的存在将使陶瓷磨具成品产生斑点，既影响磨具商品外观，也影响磨削加工。因此，要控制磨料的磁性物含量，并且要有相应的检测方法。

JS11-G1 型磁性物分析仪为标准测量仪器，两个空心电感构成仪器的传感器，一个作为参考线圈，另一个作为待测试样接收器。

磁性物分析仪的线圈由高频电压（683Hz）激励，目的在于减少工业环境下存在的电源杂波干扰，两线圈激励信号的相位相反，保证了平衡状态下流过两个线圈的电流之和为零。插入试样所引起的任何不平衡都将产生一个差动电压信号，差动信号依次通过放大、同步检波、滤波等电路后被变换为直流电压，并由四位半数字电压表显示出来。

四、磨料堆积密度的测定原理

磨料的堆积密度是磨料的重要物理性质之一，它也是磨具制造的工艺参数之一，磨料的堆积密度是磨料的颗粒密度、颗粒形状和粒度组成等物理性质的综合反映。磨料的堆积密度在制造磨具时尤其重要，它与成型、制品强度及气孔率等有关系，也能影响磨具的磨削性能。

磨料的堆积密度是粒状磨料在自然堆积的情况下，单位体积内所含的质量（kg/m^3），其测定方法一般是使磨料从规定的高度自由下落充满一定体积的容器，然后称量给定体积磨料的重量。

五、磨料单颗粒抗压强度的测定原理

磨料晶体的抗压强度性能与磨料的使用价值有很大的关系，作为磨削和研磨用途的磨料颗粒，如果在使用过程中容易破碎，就大大地降低了它的使用价值，因此，单颗粒抗压强度是衡量磨料在磨削时重要的机械强度指标之一。

以 40 颗磨料的基本粒所承受的最大垂直压力（即破碎压力）的算术平均值作为其抗压强度值（N）。

六、沉降管法测定微粉粒度组成的原理

由斯托克斯定律以及颗粒在分散液中受力分析，可以得出直径 D 与颗粒的沉降速度的关系为：

$$D = 10^4 \times \sqrt{\frac{18\eta v}{g(\rho - \rho')}} \tag{2-1}$$

式中　D——固体颗粒的有效直径，μm；

v——固体颗粒在沉降液中的沉降速度，cm/s；

g——重力加速度，$980cm/s^2$；

ρ——沉降颗粒的密度，g/cm^3；

ρ'——沉降液的密度，g/cm^3；

η——沉降液的动力黏度，P，$1P = 0.1Pa \cdot s$。

微粉颗粒在沉降液中的沉降速度（v，单位为 cm/s），等于其沉降高度与沉降时间之比，而沉降时间以分表示较方便，即：

$$v = \frac{L}{60t} \tag{2-2}$$

式中　L——试样沉降高度，cm；

t——沉降时间，min。

将式（2-2）代入式（2-1），得：

$$D = 10^4 \times \sqrt{\frac{18\eta L}{60g(\rho - \rho')t}} \tag{2-3}$$

如果测定设备地点、测定温度（室温）、试样材质、沉降液等都已确定，那么式(2-3)中的 g、L、ρ、ρ'、η 依次都是确定的常数了，可用一个常数表示：

$$K = 10^4 \times \sqrt{\frac{18\eta L}{60g(\rho - \rho')}} \tag{2-4}$$

则式（2-3）可以简化成：

$$D = \frac{K}{\sqrt{t}} \tag{2-5}$$

七、光学显微镜法测定微粉粒度组成的原理

显微镜法适于测定微粉级粒度组成：一般将微粉放在显微镜下，借助显微镜将磨料微粉颗粒放大，再利用目镜测微尺量出一定数量的颗粒尺寸，统计算出其粒度分布情况。

[实验仪器及材料]

（1）筛分法测定磨料粒度组成检测仪器：SPB-200 型拍击式标准振筛机，架盘药物天平（称量：最大 200g，感量 0.2g），普通磨料，标准砂。

（2）磨料亲水性检测仪器：亲水性测定仪，秒表，漏斗，橡皮头小竹棒。

（3）磁性物测定仪器：JS11-G1 磁性物测定仪，试管刷。

（4）磨料堆积密度检测仪器：PDM-I 型普通磨料堆积密度测定仪。

（5）磨料单颗粒抗压强度检测仪器：单颗粒抗压强度测定仪。

（6）沉降管法测定微粉粒度组成的仪器：沉降管微粉粒度测定仪，如图 2-2 所示；计时秒表（精度为 0.1s）；8W 以上日光台灯；放大镜、卷尺（1.5m 以上）、试管、漏斗、滴管等；沉降液：含量为 99.5% 的分析纯甲醇；分散剂：1% 浓度的乙二胺四乙酸二钠（EDTA-2Na）水溶液；校正砂。

（7）光学显微镜法测定微粉粒度组成仪器：生物显微镜（1600 倍），计数器，目镜测微尺，物镜测微尺。

根据粒度不同，原则上可采用下列目镜测微尺刻度值的范围进行，见表 2-1。但是，仍应以实际使用显微镜所达到的条件为准。

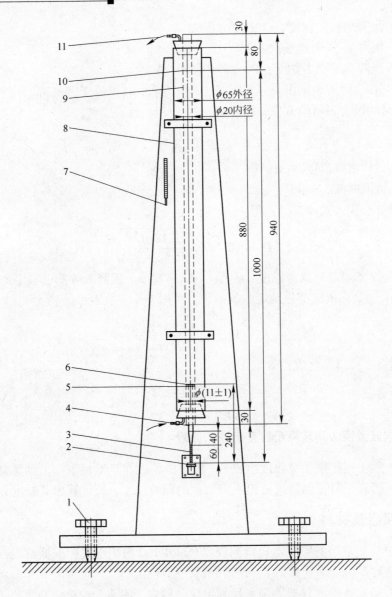

图 2-2   沉降管微粉粒度测定仪

1—垂直调节螺丝；2—橡皮塞；3—沉降高度刻度；4—进水口；
5—橡皮环；6—收集管（见图 2-3）；7—温度计；8—水套；
9—沉降管；10—甲醇水平线（起线）；11—出水口

表 2-1   目镜测微尺的选择

粒　度	目镜测微尺刻度/$\mu m \cdot$格$^{-1}$
W63，W50，W40	9 左右
W28，W20	6 左右
W14，W10，W7	3 左右
W5	1.5 左右

注：GB/T 2481.2—1998 标准中已经取消了显微镜法测定微粉粒度组成，本表中使用的粒度号为 GB 2481—83 所规
定的粒度标记。

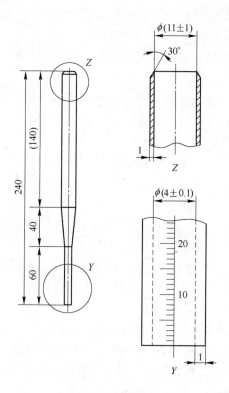

图2-3　收集管

[实验内容及步骤]

一、筛分法测定磨料粒度组成的步骤

（1）筛分前试样需在（110±10）℃的烘箱中烘干1h，备用。

（2）实验时称取试样100g，放入SPB-200型拍击式标准振筛机筛分5min。

（3）筛网按网孔大小重叠放置，网孔大的筛网放在上边。

（4）按筛分条件规定的质量称取试样，倒入最上层筛网中，用盖盖好，将其置于振筛机工作台上夹紧。

（5）开动振筛机至所需筛分时间为止。

（6）分别称量各层筛网上的磨粒重量。

（7）测量值的计算：

$$某粒群重 = G_1/G \times 100\%$$

式中，G_1 为某粒群的质量，g；G 为试样的质量，g。

二、磨料亲水性检测步骤

（1）在干净的白纸上，试样用四分法分至100g，装入试样袋中，经（110±10）℃烘干1h备用。

（2）将已洗净干燥好的三支玻璃管用管夹固定，使其垂直立于水盘中的滤纸上。

（3）将被测试样用小漏斗轻轻装入 3 只玻璃管中至满，在填装过程中，用带橡皮头的小竹棒轻敲玻璃管，使管内试样填充高度稳定不再下沉为止。

（4）将室温下的蒸馏水倒入水盘中，使水面与玻璃管"0"刻度相平，同时立即开动秒表计时。

（5）经过规定时间（F60 及更粗试样：5min；F70 及更细试样：10min）后将管同时取出，直接读出（或倒出上部干试样后读取）试管中水位上升的高度（mm）。

（6）计算。

取三根玻璃管，实测水柱上升高度的平均值（mm）表示该试样的亲水性。

三、磨料磁性物测定步骤

（1）试样用四分法缩至 150～200g 在（110±10）℃烘箱中烘干 1h 备用。

（2）将仪器接通电源，预热 15min 后即可使用。

（3）将量程开关置于 1.0% 挡，注意 0.1% 挡仅用来测量磁性物含量十分低的试样，当确信试样的磁性物含量接近万分之一时应使用 0.1% 挡。

（4）调整试样"重量旋钮"到 100g。

（5）用标准试样校对仪器，此时仪器的显示应和标样标称值相符。

（6）将空试管放入接收器中，调零旋钮调到显示值为 0.0000。

（7）称取 100g 试样，倒入空试管中，插入接收器。

（8）读取数字显示器示值，即为磁性物百分比含量。

（9）每一试样可重复测定三次，取其算术平均值，报出磁性物含量的测定结果。

表 2-2 为磨料磁性物允许含量（用 JSⅡ-G1 型磁性物分析仪）。

表 2-2　磨料磁性物允许含量

磨料名称	粒度范围	磁性物含量（不高于）/%
棕刚玉	F16～F30	0.0380
	F36～F60	0.0280
	F70～F120	0.0230
	F150～F220	0.0170
白刚玉	F16～F24	0.0023
	F30～F120	0.0021
	F150～F220	0.0015
黑碳化硅	F16～F30	0.0250
	F36～F60	0.0210
	F70～F120	0.0180
	F150～F240	0.0120
绿碳化硅	F16～F30	0.0180
	F36～F60	0.0150
	F70～F120	0.0120
	F150～F220	0.0100

四、堆积密度测定步骤

（1）试样在（110±10）℃的烘箱内烘干 1h，放入干燥器内，冷却至室温备用。

（2）用毛刷把测定仪的漏斗清扫干净，关闭出口的橡皮球，将测量筒放于定位销上。

（3）量取 150mL 试样，放入加料器中，先沿漏斗壁倒入，逐渐移至中心部位，不离开料堆，缓慢向上提，使试样从中心向四周均匀散开，自然堆积成锥形。

（4）打开堵口橡皮球，使试样自由下落，充满测量筒，立即用刮料板使刀刃紧贴测量筒口边缘，将筒上面多余试样沿着前刃方向刮去，刮时切勿使测量筒震动。

（5）称量测量筒中试样的重量，同一试样重复测定三次，其最大值与最小值之差不得大于 2g。如三次重复测定结果不能达到以上要求，必须重新测定，将误差在允许范围以内的三次测定结果取平均值，作为测量筒内试样的净重。

（6）计算。堆积密度由下式计算：

$$D = (M/V) \times 10^3 \tag{2-6}$$

式中 D——磨料堆积密度，kg/m^3；

M——测定筒内磨料试样净重，g；

V——测量筒的容积，cm^3。

五、磨料单颗粒抗压强度测定步骤

（1）选用粗于 F36（包括 F36）粒度的磨料基本粒约 10g，用四分法取样，排列在玻璃片上备用。

（2）调整好仪器的零点。

（3）从载玻片的一端开始，一次镊取一颗试样，置于工作台面上，先量出颗粒尺寸，凡公称尺寸不合格者，弃去，然后缓慢增加负荷，到 30N 处稍停一下，再继续加荷至破碎为止，记下负荷值。

（4）先算出 40 颗负荷值的算术平均值，再核对所有的负荷值。凡超过平均值一倍者舍去，舍后余值再取算术平均值，即为其单颗粒强度值（单位：N）。

六、沉降管法测定微粉粒度组成的步骤

（1）按 GB 4676—84《普通磨料取样方法》进行取样。

（2）刚玉或碳化硅试样在（600±10）℃温度下加热 10min 进行试样处理，然后冷却至室温备用。

（3）称取试样（刚玉约 2.2g，碳化硅 1.6g）置于试管中，加入 15mL 甲醇沉降液，滴入三滴分散剂，摇动震荡试管 5min，以消除结团现象，使试样充分分散。磨料在沉降介质中至少保留 10min，在此期间应充分摇动试管几次。试管中介质的温度与沉降管中介质的温度应达到一致。

（4）将漏斗放在沉降管上，充分摇动样品试管至少 30s，随之将试管中的混合物沿着漏斗斜面倒入沉降液内。倒入后，迅速拿离漏斗，避免任何残留物滴入沉降管而影响检测结果。

（5）倒入的同时开始测量计时，注意检查有无结团现象，沉降过程中若观察到颗粒结团现象，表明样品未充分分散，需重新测量，记下连续颗粒流到达收集管底部零点刻度线的时间，即粒度组成曲线的起始点，连续记下试样沉降柱的上表面与刻度线平齐的时刻，记下试样全部沉降（收集管中的试样沉降柱不再升高）时的沉降柱总高度。

（6）测定结果按表2-3的格式进行填写，并根据测定数据在坐标纸上画出试样沉降柱高度（%）–粒度（μm）曲线，见图2-4。

表2-3   沉降管法检测微粉粒度的记录表格

测定条件	沉降柱高度 /格	体积比 /%	沉降时间 t/min	粒度 D/μm
样品名称	0			
粒度号	0.5			
样品产地	1			
送样单位	2			
送样时间	3			
送样编号	5			
分析编号	7			
试样重	10			
室 温	13			
水 温	16			
试样处理	19			
沉降液	20			
分散剂	21			
试样的密度	22			
沉降液的密度	23			
沉降液的黏度	24			
计算公式：$D = \dfrac{K}{\sqrt{t}}$	25			
	26			
	27			
	28			
备 注	29			
	30			

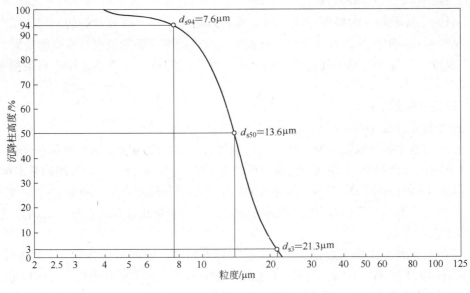

图 2-4　粒度组成曲线

七、光学显微镜法测定微粉粒度组成的步骤

（1）将待测试样在（110±10）℃的烘箱中烘干 1h 备用。

（2）配制 2:1 甘油：由两份甘油与 1 份蒸馏水混合而成，放置澄清后，取上部清液使用。

（3）取少许试样置于器皿中，滴入适量（2:1）甘油拌均匀，并使其浓度适宜，取一滴置于清洁的载玻片上，盖上盖玻片，轻压使其均匀摊开。

（4）将待测的试样片放在显微镜工作台上。

（5）检查时，视域必须自试样的一端起沿着直线看到另一端为止（从左到右），同时用计数器分别记下各粒群的颗数，若被检颗粒数不足 500 粒时，需另起一行继续观测。

（6）颗粒不得重复测量。

（7）颗粒尺寸的计算方法为：颗粒中最远两点间的距离称为长轴，垂直于长轴的最大短轴称为宽，颗粒尺寸以其宽度表示。宽度尺寸等于下限尺寸时应记入下一粒群。

（8）计算：

$$某粒群的质量分数 = \frac{某粒群颗数 \times 计算系数}{各粒群（某粒群颗数 \times 计算系数）之和} \times 100\%$$

［实验注意事项］

一、筛分法注意事项

（1）每号的最粗粒以专用的检查筛用手筛检查。颗粒尺寸的长宽比超过 2:1，其宽度等于或小于筛网孔径者，不作最粗粒计算。

（2）筛分及称量损失总量不应超过 1%，否则重测。

（3）筛网应定期用标准砂校正。

1）目的。按照筛分的操作方法，由于实验筛筛孔尺寸、筛分条件的差异，筛分结果会有较大的差异。用标准砂对筛分值进行校正，以得出更准确的粒度组成检测结果。

2）范围。本方法适用于对粗粒、基本粒和混合粒的校正，而不适用于对最粗粒和细粒的校正。

3）校正方法如下：

① 准备好正态概率纸。

② 把正态概率纸的纵轴定为粒度组成的累计百分率，将粗粒、基本粒和混合粒对应筛网的基本尺寸，以间隔20个刻度，分别画垂直线于横轴上。此线规定为筛网的基本尺寸线。但对于F150、F180和F220，粗粒和基本粒对应的筛网基本尺寸线的间距为40个刻度。

③ 把标准砂的基准值在对应的筛网基本尺寸线上分别标出，依次把这些点用直线连接，即为标准砂的基准线。

④ 用待校正的实验筛先筛分标准砂，筛分标准砂时，应取每份标准砂全量进行筛分，且每次筛分损失不能超过1.0g，将筛分得到的累计百分数在标准砂基准线上分别标出，通过各点分别画纵轴的平行线，这些平行线称为各层试验筛的网孔实效尺寸线。如果实效尺寸线偏离基本尺寸线7格以上，则该筛不能作为磨料检测用试验筛。

⑤ 用和④同样的方法，筛分待测试样，把得到的累计百分数在实效尺寸线上分别标出，将相邻两点分别连成直线。

⑥ 找出这些连线（或连线的延长线）与各基本尺寸线的交点，这些交点的纵坐标即为待检试样校正后的累计百分含量，由此计算出各粒群的粒度组成，即为待检试样粗粒、基本粒和混合粒的检测结果。

表2-4为F4~F220粗磨粒粒度组成，表2-5为F4~F220粗磨粒粒度组成允许偏差。图2-5和图2-6分别为F12~120粒度的校正方法和F150~F220的粒度校正方法。

表 2-4　F4~F220 粗磨粒粒度组成

粒度标记	最粗粒			粗　粒			基本粒			混合粒			细　粒		
	筛孔尺寸		筛上物（不大于）	筛孔尺寸		筛上物（不大于）	筛孔尺寸		筛上物（不大于）	筛孔尺寸		筛上物（不大于）	筛孔尺寸		筛上物（不大于）
	mm	μm	质量比/%	mm	μm	质量比/%	mm	μm	质量比/%	mm	μm	质量比/%	mm	μm	质量比/%
F4	8.00	—	0	5.60	—	20	4.75	—	40	4.75,4.00	—	70	3.35	—	3
F5	6.70	—	0	4.75	—	20	4.00	—	40	4.00,3.35	—	70	2.80	—	3
F6	5.60	—	0	4.00	—	20	3.35	—	40	3.35,2.80	—	70	2.36	—	3
F7	4.75	—	0	3.35	—	20	2.80	—	40	2.80,2.36	—	70	2.00	—	3
F8	4.00	—	0	2.80	—	20	2.36	—	45	2.36,2.00	—	70	1.70	—	3
F10	3.35	—	0	2.36	—	20	2.00	—	45	2.00,1.70	—	70	1.40	—	3
F12	2.80	—	0	2.00	—	20	1.70	—	45	1.70,1.40	—	70	1.18	—	3
F14	2.36	—	0	1.70	—	20	1.40	—	45	1.40,1.18	—	70	1.00	—	3
F16	2.00	—	0	1.40	—	20	1.18	—	45	1.18,1.00	—	70	—	850	3

续表2-4

粒度标记	最粗粒			粗 粒			基本粒			混合粒			细 粒		
	筛孔尺寸		筛上物（不大于）	筛孔尺寸		筛上物（不大于）	筛孔尺寸		筛上物（不大于）	筛孔尺寸		筛上物（不大于）	筛孔尺寸		筛上物（不大于）
	mm	μm	质量比/%	mm	μm	质量比/%	mm	μm	质量比/%	mm	μm	质量比/%	mm	μm	质量比/%
F20	1.70	—	0	1.18	—	20	1.00	—	45	1.00	850,—	70	—	710	3
F22	1.40	—	0	1.00	—	20	—	850	45	—	850,710	70	—	600	3
F24	1.18	—	0	—	850	25	—	710	45	—	710,600	65	—	500	3
F30	1.00	—	0	—	710	25	—	600	45	—	600,500	65	—	425	3
F36	—	850	0	—	600	25	—	500	45	—	500,425	65	—	355	3
F40	—	710	0	—	500	30	—	425	40	—	425,355	65	—	300	3
F46	—	600	0	—	425	30	—	355	40	—	355,300	65	—	250	3
F54	—	500	0	—	355	30	—	300	40	—	300,250	65	—	212	3
F60	—	425	0	—	300	30	—	250	40	—	250,212	65	—	180	3
F70	—	355	0	—	250	25	—	212	40	—	212,180	65	—	150	3
F80	—	300	0	—	212	25	—	180	40	—	180,150	65	—	125	3
F90	—	250	0	—	180	20	—	150	40	—	150,125	65	—	106	3
F100	—	212	0	—	150	20	—	125	40	—	125,106	65	—	75	3
F120	—	180	0	—	125	20	—	106	40	—	106,90	65	—	63	3
F150	—	150	0	—	106	15	—	75	40	—	75, 63	65	—	45	3
F180	—	125	0	—	90	15	—	75,63	40	—	75,63,53	65	—	—	—
F220	—	106	0	—	75	15	—	63,53	40	—	63,53,45	60	—	—	—

表2-5 F4～F220粗磨粒粒度组成允许偏差

粒度标记	最粗粒	粗 粒	基本粒	混合粒	细 粒
F4	0	+4	−4	−4	
F5	0	+4	−4	−4	
F6	0	+4	−4	−4	
F7	0	+4	−4	−4	
F8	0	+4	−4	−4	
F10	0	+4	−4	−4	
F12	0	+4	−4	−4	
F14	0	+4	−4	−4	
F16	0	+4	−4	−4	
F20	0	+4	−4	−4	
F22	0	+4	−4	−4	
F24	0	+4	−4	−4	
F30	0	+4	−4	−4	
F36	0	+4	−4	−4	
F40	0	+4	−4	−4	

粒度标记	最粗粒	粗　粒	基本粒	混合粒	细　粒
F46	0	+4	−4	−4	
F54	0	+4	−4	−4	
F60	0	+4	−4	−4	
F70	0	+3	−3	−3	
F80	0	+3	−3	−3	
F90	0	+3	−3	−3	
F100	0	+3	−3	−3	
F120	0	+3	−3	−3	
F150	0	+3	−3	−3	
F180	0	+3	−3	−3	
F220	0	+3	−3	−3	

注：所列百分数是相对试样初始质量而言的。

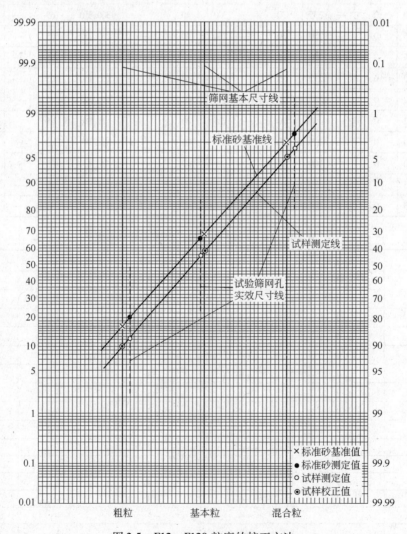

图2-5　F12～F120粒度的校正方法

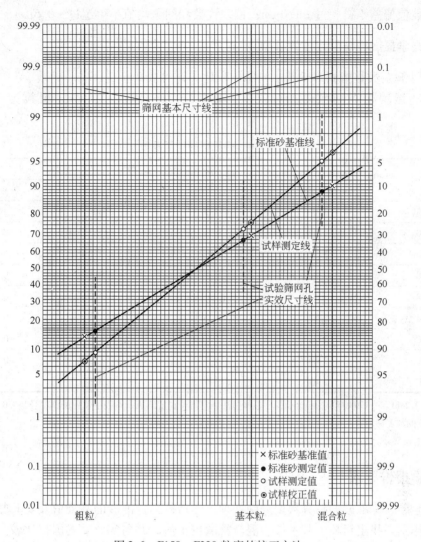

图 2-6 F150～F220 粒度的校正方法

二、沉降管法测定注意事项

（1）测定温度的控制一般不应超出 15～30℃ 的范围。在同一次测定过程中，温度波动不得超出 0.5。

（2）记录试样沉降柱高度及沉降时间之前，可用橡皮棒（或带有橡皮头的铅笔）轻轻地敲击收集管底部的橡皮塞，以使沉降柱的上表面平齐，便于准确读取沉降柱高度，但不得敲击收集管本身。

（3）甲醇的密度与温度的关系为：$\rho = 0.80714 - 0.000804t$，$g/cm^3$。

（4）甲醇的黏度与温度的关系为：$\eta = (7.156 - 0.0686t) \times 10^{-3}$，$Pa \cdot s$。

（5）沉降液高度：$L = 100cm$。

（6）用校正砂按"六、沉降管法测定微粉粒度组成的步骤"中（4）、（5）的测定步骤进行校正。测得的粒度曲线与校正砂标定的粒度曲线在 10、20、30、40、50 各体积比处的粒度数值偏差不得超过 ±1.0μm；偏差代数和的平均值不得超过 ±0.6μm。

三、光学显微镜法测定注意事项

（1）计算系数是指相对于基本粒的体积比，详见表2-6。

（2）显微镜检查的允许相对误差：基本粒，混合粒各为 5%，粗粒为 7%，细粒为 10%。

表 2-6　各粒群的计算系数

粒度号	计 算 系 数			
	粗 粒	基 本 粒	混合粒①	细 粒
W63	2.03	1	0.505	0.044
W50	1.98	1	0.431	0.030
W40	2.32	1	0.352	0.0254
W28	2.84	1	0.355	0.0248
W20	2.81	1	0.352	0.0254
W14	2.84	1	0.355	0.0248
W10	2.81	1	0.352	0.0254
W7	2.84	1	0.355	0.0248
W5	2.81	1	0.325	0.0254

注：GB/T 2481.2—1998 标准中已经取消了显微镜法测定微粉粒度组成，本表中使用的粒度号为 GB 24812—83 所规定的粒度标记。

① 除基本粒部分。

［实验报告要求］

将实验砂、标准砂的筛分数据分别处理；然后依据标准砂的基准值及实验数据在正态概率纸上作图，找出粗粒、基本粒、混合粒的校正值，并与实验砂的国标比较，得出该实验砂是否合格。

［思考题］

（1）沉降管法和显微镜法都是测量磨料粒度的方法，两者在使用范围上有何不同？还有哪些其他方法也能进行粒度测量？

（2）本实验中对磨料的磁性、亲水性、堆积密度等性能的检测方法进行了讲解，这些性质对制造磨具有什么实际意义？

参 考 文 献

[1] GB/T 2481.2—2009 固结磨具用磨料　粒度组成的检测和标记　第 2 部分：微粉．

第三章
超硬材料烧结制品性能检测

实验7　金属粉末工艺性能综合分析

[实验目的]

通过对金属粉末外观形状的观察以及测定相对应粉末的流动性、粉末的松装密度、烧结性和压缩性并进行综合比较，使学生在掌握使用显微镜及测定粉末流动性、松装密度的基础上，明确粉末烧结性与压缩性的表示方法，能对粉末的形状与生产方法、粒度与粉末流动性、松装密度、烧结性和压缩性的关系等进行分析。通过完整的粉末性能试验与分析，使学生更好理解粉末形状与粒度对粉末工艺性能的影响程度，培养学生对基本实验的动手能力和综合分析金属粉末性能的综合能力，为粉末的工艺应用打下良好的基础。

[实验原理及方法]

金属粉末的形状是多种多样的，但从常见的形状来看，可以将粉末的形状分为八种类型（见图3-1）。粉末的形状与粉末的生产方法有紧密的关系（见表3-1），不同的粉末形状将直接影响着粉末制作产品时的工艺参数的制定、模具的设计以及产品的性能。

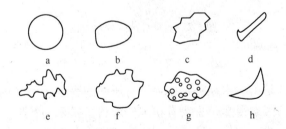

图 3-1　常见粉末颗粒的形状

a—球形；b—近球形；c—多角形；d—片状；e—树枝状；
f—不规则形；g—多孔海绵状；h—碟状

表 3-1　粉末形状与生产方法的关系

粉末形状	粉末生产方法	粉末形状	粉末生产方法
球　形	羰基物热裂解，液相沉淀	多孔海绵状	金属氧化物还原

粉末形状	粉末生产方法	粉末形状	粉末生产方法
近球形	气体雾化，置换	片 状	塑性金属机械研磨
多角形	机械粉碎	碟 状	金属旋涡研磨
树枝状	水溶液电解	不规则形	水雾化，机械粉碎，化学沉淀

　　金属粉末的流动性以 50g 金属粉末流出规定孔径的标准漏斗所需要的时间（s）的倒数来表示，即 $1/t$。流动性的高低与粉末的形状、粒度和粉末的本质物理性能有关。粉末的松装密度是指金属粉末通过标准测量仪器的漏斗后填充在一定体积内的粉末的量，单位为 g/cm³。松装密度的大小直接影响着粉末成型的密度。粉末的形状、粒度与组成、粉末的环境条件等影响着金属粉末的松装密度。松装密度按下式计算：

$$\rho = \frac{m}{V} = \frac{m}{25} \tag{3-1}$$

式中，ρ 为松装密度，g/cm³；m 为质量，g；V 为接料器体积，取 25cm³。

　　图 3-2 为测定金属粉末流动性与金属松装密度的标准测定装置。

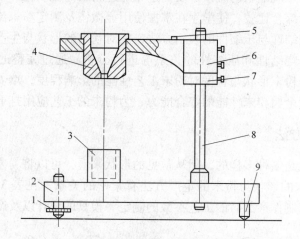

图 3-2　流动性测定仪示意图

1—调节螺钉；2—底座；3—接料器；4—漏斗；5—水准器；
6—支架；7—支撑套；8—支架柱；9—定位销

　　金属粉末的压缩性是指粉末在一定压力下可压缩的程度，可以用粉末压坯的密度来反映。影响粉末压缩性的因素很多，主要有粉末的形状、粉末的粒度、粒度组成、粉末的杂质含量、粉末的材质、粉末的使用环境等。压缩性好的粉末可以用较小的压力来实现较高的压坯密度，或者说在相同的压力下压缩性好的粉末可以成型较大的坯体尺寸。

　　金属粉末的烧结性反映了粉末在高温烧结时的难易程度，可以通过测定粉末烧结坯体的导电性、强度等性能来反映。不同的粉末、不同的形状与粒度的粉末，在相同的烧结条件下可以通过某些指标来反映，比如强度等。抗折强度的测量原理如图 3-3 所示，计算方法见下式：

$$\sigma_{bb} = \frac{3PL}{2bh^2} \tag{3-2}$$

式中，σ_{bb} 为压坯抗弯强度，MPa；P 为破断负荷，N；L 为跨距即试样支点间距离，mm；b 为试样宽度，mm；h 为试样厚度，mm。

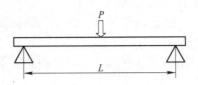

图 3-3 压坯抗折强度测定示意图

［实验仪器及材料］

（1）XTL-1 型摄影体视显微镜。

（2）载玻片、毛笔、取样勺。

（3）FL4-1 型流动性测定仪（图 3-2）。

（4）物理天平一台，称量 200g、感量 0.05g。

（5）秒表，精确到 0.2s。

（6）刮板一个。

（7）冷压机热压机各一台。

（8）材料万能试验机一台。

（9）粗粉：100 目（150μm）还原铁粉，中粉：200 目（75μm）还原铁粉，细粉：300 目（48μm）还原铁粉。

（10）组合石墨模具一套，一次可热压 18 个样块，尺寸 40mm×3mm×8mm。

［实验内容及步骤］

一、金属粉末颗粒形状的观察

（1）调整好体视显微镜。

（2）勺取适量铁粉末置于载玻片上，用毛笔扫成分散形。

（3）观察颗粒形状，填于表 3-2 内。

（4）根据观察的粉末形状，判断粉末的生产方法。

二、金属粉末流动性测定

（1）清扫干净测定仪并调整水平。

（2）称量铁粉末试样 50g，精确到 ±0.1g。

（3）堵住漏斗底部小孔，把称量好的试样倒入漏斗中。注意粉末必须充满漏斗下端的小孔（参考图 3-2）。

（4）打开漏斗小孔后开始计时，漏斗中粉末一经流完，则停止计时。记录时间于表 3-3 内。

（5）重复操作三次，取三次结果的算术平均值，时间记录精确到 0.2s。

三、金属粉末松装密度测定

金属粉末松装密度测定仪示意图如图 3-2 所示。

（1）调整测定仪的水平度，然后放好量杯，用手指堵住漏斗出口处。

（2）取待测铁粉样品 100g，倒入漏斗内。

（3）松开手指，使粉末自由漏进量杯内，至漏斗内粉末全部流完后，用一非磁性直尺或刮板将量杯顶端粉末刮平。

（4）轻敲量杯，使杯内铁粉稍密实些，再用毛笔将量杯外部的粉末清理干净，然后称量量杯内金属粉末的重量，精确到 0.05g，记录于表 3-4 中。

（5）试验样品分三次测量，取算术平均值，精确到 0.01g/cm^3。

（6）如在测试中金属粉末不能漏下，可用一直径为 1mm，顶端磨尖的非磁性金属直丝，垂直插至漏斗底部的孔中，并稍加旋动带动铁粉漏下。

四、金属粉末压缩性的测定

（1）用物理天平称取铁粉 42g。

（2）将粉末倒入研钵中并加入 3 滴液体石蜡液手混 5min。

（3）组装模具，将已混好的 40g 粉末投入模腔中并用刮板刮平。

（4）用 4MPa 表压加压成型。

（5）卸模并称量压坯重量和测量压坯高度。

（6）计算压坯密度、记录，填入表 3-5 中。

五、粉末烧结性测定

（1）用天平称取铁粉末 45g（粗、中、细三种），并分别倒入三个研钵中，各加入 3 滴润湿剂搅拌混合 5min。

（2）分别称取已混合好的金属粉末六份，每份 7g。

（3）组装好石墨模具，将金属粉末各投入石墨模具六个不同的腔体中，刮平，放上上压头。

（4）将模具放入热压机上热压（18 个模腔的热压工艺，400℃时为 2MPa，800℃时为 4MPa，保温 3min）。

（5）卸模，清理坯体表面，测坯体的长、宽、高尺寸并记录。

（6）在材料试验机上测定坯体的强度值，记录，填入表 3-6（计算公式见式（3-2））。

［实验注意事项］

测定金属粉末的流动性时，如果小孔打开时粉末不流动，则可在漏斗上轻敲一下使粉末流动；但如果这样做了，粉末仍不流动，或在测试过程中停止流动，则应认为这种粉末不具备流动性。

［实验记录］

（1）金属粉末形状鉴定实验记录（表 3-2）。

表 3-2　金属粉末形状观察与表述

序　号	颗粒形状图	颗粒外观特征	生产方法
1			

（2）金属粉末流动性测定实验记录（表 3-3）。

表 3-3　金属粉末的流动性实验测量数据与计算

实验次数	孔径/mm	一	二	三	算术平均值
试样质量/g	$\phi2.5$				
	$\phi5.0$				
流动时间/s	$\phi2.5$				
	$\phi5.0$				

（3）金属粉末松装密度测定实验记录（表 3-4）。

表 3-4　金属粉末松装密度测定数据及相关计算

测量次数	漏斗孔径/mm	是否用细丝	m/g	V/cm^3	$\rho/g \cdot cm^{-3}$	$\bar{\rho}/g \cdot cm^{-3}$
1						
2						
3						

（4）粉末压坯成型密度与烧结强度测定记录（表 3-5、表 3-6）。

表 3-5　金属粉末压制与烧结性能测定记录表

试样号	表压/MPa	压坯直径/mm	压坯高度/mm	压坯密度/g·cm⁻³
1（粗粉）				
2（中粉）				
3（细粉）				

表 3-6　粉末烧结坯体强度测定记录表

试样号	烧结温度/℃	烧结时间/min	跨距 L/mm	宽度 b/mm	高度 h/mm	最大压力 P/N	抗折强度/MPa
1							
2							
3							
4							

［数据分析与讨论］

　　根据对粉末的形状、流动性、松装密度及压缩性与烧结性的测定结果，分析不同粒度粉末对以上几个指标的影响，并结合实验数据从理论上作出合理的解释。

［思考题］

（1）被测定的金属粉末不具备流动性的原因可能有哪些？

（2）测定粉末流动性和松装密度时的可能误差有哪些？

（3）影响松装密度大小的因素有哪些？

（4）通过实验你能发现不同的粉末形状与粉末的流动性和松装密度有什么关系吗？

（5）反映粉末烧结性的指标还可以用哪些？

参 考 文 献

［1］王秦生. 超硬材料制造［M］. 北京：中国标准出版社，2002.

［2］王秦生. 金刚石烧结制品［M］. 北京：中国标准出版社，2000.

实验 8　压坯密度分布测定

［实验目的］

（1）了解压制压力与成型密度间的直接关系；

（2）了解压坯内密度的变化状况。

［实验仪器及材料］

（1）压机；

（2）天平、游标卡尺、剪刀；

（3）模具，样块尺寸为 $\phi 20mm \times 25mm$；

（4）研钵、锡箔；

（5）300 目（48μm）以细铜粉。

［实验内容及步骤］

（1）称取金属铜粉38g；

（2）将铜粉倒入研钵内，加适量黏结剂，混匀；

（3）分别称取5份混合料，每份重7g；

（4）将5份等重的铜粉料依次投入组装好的模具内，每份料之间用锡箔隔开（锡箔剪成与模腔横截面相同的圆片）；

（5）压制成型；

（6）脱模，用游标卡尺测量每段压坯的尺寸，填于表3-7内。

表 3-7　每段压坯的密度

坯　份	质量/g	坯体尺寸/mm		坯体体积 /cm³	密度 /g·cm⁻³	平均密度 /g·cm⁻³
		直　径	高　度			
1						
2						
3						
4						
5						

［实验注意事项］

实验做两次，一次不加垫铁，一次加垫铁。

［实验记录、数据处理］

按照公式
$$q = \frac{W}{V}$$
　　　　　　　　　　　　　　　　　　　　　　　　（3-3）

计算每段压坯的密度,并求出平均密度值。

[思考题]

(1)坯体内每份坯体的密度为什么不同?

(2)有无垫铁坯体密度分布有何差别?

参 考 文 献

[1] 王秦生. 超硬材料制造[M]. 北京:中国标准出版社,2002.

[2] 王秦生. 金刚石烧结制品[M]. 北京:中国标准出版社,2000.

实验9　金刚石砂轮质量检测——动偏差的测量

[实验目的]

掌握金刚石（或立方氮化硼）砂轮的径向圆跳动和端面圆跳动的测量方法，了解成品检验项目。

[实验仪器及材料]

(1) PBY5012 偏摆检查仪（图3-4）：

测量范围：最大长度 500mm；

最大直径 ϕ170mm。

(2) 百分表：测量范围 0~10mm；

精　　度 0.01mm。

(3) 主导轴、活扳手等。

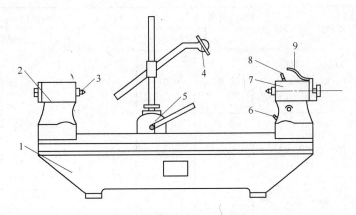

图3-4　偏摆检查仪示意图

1—仪座；2—死顶尖座；3—顶尖；4—百分表；5—支架座；6—偏心轴手把；

7—活顶尖座；8—紧定手把；9—球头手柄

[实验内容及步骤]

(1) 测量砂轮径向圆跳动时，先用透明胶带光滑地在砂轮周边上粘一圈；测量端面圆跳动，把一张纸剪成砂轮端面形状，用胶水平滑均匀地粘好。

(2) 将砂轮固定在主导轴上。

(3) 拧紧偏心轴手把，先将死顶尖座在仪座上固定好，再按测轴长度将活顶尖座固定在合适的位置。

(4) 压下球头手柄，用两顶尖顶住轴端小孔，拧紧固定手把，将顶尖固定。

(5) 移动支架座，使上面的百分表与砂轮的外表面保持接触。

(6) 缓慢转动砂轮，读出转动一周的百分表的最大值与最小值。

(7) 计算：跳动值 = 最大值 - 最小值。

[实验注意事项]

（1）装主导轴时，应注意使顶尖免受碰撞。

（2）测量时，百分表触头应垂直于接触端面或周边。

[思考题]

实验中如何保证测量的准确性？

[附录]

金刚石和立方氮化硼砂轮产品：

（1）相关标准：GB 6409—86《金刚石或立方氮化硼磨具》，JB 3296—83《金刚石光学磨边砂轮》。

（2）质量等级的技术要求：产品质量从成品的技术要求和用户评价两个方面考核，成品检验项目6项，用户评价1项。具体规定见表3-8、表3-9。

表3-8　金刚石或立方氮化硼磨具动偏差检查等级标准

序号	项目	产品牌号、形状	合格品	一等品	优等品	合格品	一等品	优等品
			径向跳动（不大于）/mm			端面跳动（不大于）/mm		
1	动偏差	1E6Q、14E6Q、14EE1、1DD6Y、1DD1、1V9、1EE1V	0.03	0.025	0.02	0.05	0.04	0.03
		9A3	0.07	0.06	0.05	0.05	0.04	0.03
		1A1/T_2、14A1、1L1、4B1、1F1、1FF1	0.08	0.06	0.04	0.12	0.09	0.06
		6A2、11A2、6A9、12A2/20°、12A2/45°、12V2、11V9、12V9、12D1	0.12	0.09	0.06	0.08	0.06	0.04
		1A1/T_3	$125 \leqslant D \leqslant 200$					
			0.02	0.02	0.02	0.03	0.025	0.02
			$200 < D \leqslant 500$					
			0.03	0.025	0.02	0.05	0.04	0.03
			$500 < D \leqslant 750$					
			0.04	0.035	0.03	0.06	0.05	0.04
			合格品		一等品		优等品	
2	平面度	1A1R	$D \approx 200$	0.03		0.28		0.25
			$D > 200 \sim 400$	0.50		0.48		0.45
3	锯齿质量	1A6Q	符合 GB 6409—86《金刚石或立方氮化硼砂轮》中有关规定		不允许有掉齿，其他同合格品		不允许有锯齿与基体端面平齐和掉齿现象	

表 3-9　金刚石或立方氮化硼磨具外观及尺寸检查等级标准

序号	项　目	合格品	一等品	优等品
1	磨料层深度（X） （1.5～10mm）	±0.20	+0.20 -0.10	+0.15 0
2	磨料层环宽（W） 3～15mm >15～30mm	±0.20 ±0.30	±0.15 ±0.25	±0.10 ±0.20
3	孔径公差	符合 GB 6409.2—86《金刚石或立方氮化硼砂轮》中有关规定	同合格品	同合格品
4	砂轮工作表面的原始表皮、发泡、夹杂、氧化、哑声和裂纹	不得有	同合格品	同合格品
5	边棱损坏	符合 GB 6409.2—86《金刚石或立方氮化硼砂轮》中 2.3.1～2.3.5 规定	同合格品	不得有边棱损坏
6	包装质量	符合 GB 6409.2—86《标志和包装规定》	同合格品	除同合格品外，且外观整洁，标志清晰
7	用户评价	达到使用要求	使用性能良好，用户比较满意	达到或接近国外同类产品的先进水平

注：其余项目按相关标准规定。优、一等品应有明显标志。

参 考 文 献

[1] 王秦生. 超硬材料制造[M]. 北京：中国标准出版社，2002.

[2] 王秦生. 金刚石烧结制品[M]. 北京：中国标准出版社，2000.

第四章

超硬材料电镀制品性能检测

实验 10　镍和镍钴电镀液及其镀层性能测定分析

[实验目的]

学习并掌握镍和镍钴电镀液合适的电流密度范围及分散能力的测定方法，对电镀层的厚度、硬度和光亮度等分别进行测定，学会综合评价电镀液及电镀层的性能好坏。

[实验原理及方法]

一、综合实验原理及方法

将规定尺寸的阴极板及阳极板放入赫尔槽中，按照生产工艺进行电镀，对阴极板上镀出的镍及镍钴镀层进行相关测定并处理所得数据。其中电流密度范围、分散能力反映出镀液的性能差异，镀层硬度、光亮度表征出不同电镀层的性能差别。通过对比进行性能的综合评价。

二、显微硬度测试原理

将显微硬度计上特制的金刚石压头，在一定负荷的作用下压入待测试样表面，用硬度计上的测微器，测量正方形压痕对角线的长度（图 4-1）。维氏显微硬度按下式计算：

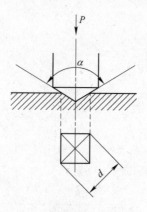

图 4-1　锥体压痕示意图

$$HV = \frac{1854 \times P}{d^2} \qquad (4\text{-}1)$$

式中　HV——维氏显微硬度值，N/mm^2；

　　　　P——负荷，N；

　　　　d——四方形压痕对角线的平均长度，μm。

[实验仪器及材料]

（1）工艺实验仪器及工具：电镀电源、赫尔槽（图 4-2）、烧杯、温度计、双色连接导线、极板：Ni 阳极板，尺寸为 63mm×70mm，厚 3～5mm；阴极用 45 号钢板或 Cu 片，尺寸 100mm×70mm，厚 0.25～1.0mm。

（2）电镀液性能测定仪器及工具：镀层测厚仪、钢板尺、铅笔等。

（3）镀层性能测定仪器及工具：显微硬度测定仪、镶嵌机、砂纸、橡皮泥等。

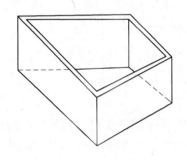

图 4-2　赫尔槽

[实验内容及步骤]

一、电镀工艺过程——赫尔槽样片的制作

1. 极板处理

（1）阳极板的处理：使用前用稀盐酸浸蚀 1min 左右，水洗净即可。

（2）阴极板的处理：采用如下工艺流程：

阴极板→抛光→洗涤剂刷洗去油→冷水洗→电解去油→热水洗(60℃左右)→冷水洗→冷水洗→强浸蚀→冷水洗→活化→电镀

注意：前处理工艺可以根据材料种类和表面状况来设计和改变。

2. 配方及工艺条件

配方及工艺条件见表 4-1～表 4-3。

表 4-1　钢铁基体电解去油液配方及工艺条件

项　目	NaOH /g·L⁻¹	Na₂CO₃ /g·L⁻¹	Na₃PO₄ /g·L⁻¹	i /A·dm⁻²	T /℃	t /min
参　数	30～40	20～30	20～30	2～5	40～60	5～10

表 4-2 强浸蚀液配方及工艺条件

项　目	盐　酸	乌洛托品/$g \cdot L^{-1}$	$T/℃$	t/min
参　数	1:1	1~3	室　温	至　净

表 4-3 活化液配方及工艺条件

项　目	硫酸/%	$T/℃$	t/s
参　数	3~5	室　温	30~60

3. 电镀液准备

按照表 4-4 配方配制镍和镍钴电镀液各适量,调整好镀液的 pH 值和温度后备用。如果能从生产现场取液则更有针对性。

表 4-4 电镀液工艺配方

配方	硫酸镍	硫酸钴	氯化镍	硼酸	光亮剂	pH 值	$T/℃$	i_k /$A \cdot dm^{-2}$	I/A
	含量/$g \cdot L^{-1}$								
Ⅰ	300	0	30	35	无	3~4	40~50	0.5~1.0	
Ⅱ	200	15	30	35	适量	5~6	40~50	0.8~1.5	
Ⅲ	200	20	30	35	适量				

4. 实验方法

取配制好的电镀液或从生产槽中取一定量(250mL)的具有代表性的样液加入赫尔槽内,将处理好的极板放入赫尔槽中,按照图 4-3 接线。电镀工艺参数为:电流取 0.5~5A,时间 10min,温度与生产过程相同。

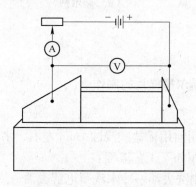

图 4-3 赫尔槽电路连接示意图

电镀结束后,取出阴极片,水洗、烘干,观察镀层情况,并绘图记录样板。阴极试片选取部位如图 4-4 所示。取图中 10mm 处作观察部位。镀层状况可用图 4-5 所示符号表示。

二、电镀液性能的测定

1. 合格电流密度范围的确定

在赫尔槽中,因阳极到阴极各部分距离不等,阴极试片上各部分的电流分布也不同,两端电流密度相差极大,这样就能在同一阴极试片上观察到不同电流密度下的镀层状况,

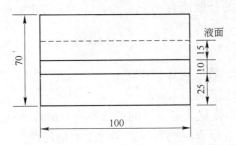

图 4-4　阴极实验结果部位选取图

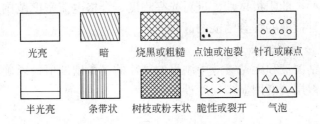

图 4-5　镀层状况符号图

从而确定镀液的正常电流密度范围。

将电镀后洗净烘干的赫尔槽样片按照图 4-4 所示进行 L 值的测量，然后按下式计算：

$$D_k = I(5.1 - 5.24\log L) \tag{4-2}$$

式中　D_k——阴极试片上某处的电流密度，A/dm^2；

　　　I——试验时所用的电流强度，A；

　　　L——阴极上某处距近端的距离，cm，L 值范围为 0.64～8.5cm。

通过绘制 D_k-L 图，可以直观地看出阴极试片上电流密度的变化情况。

2. 电镀液分散能力的测定

在赫尔槽试验中，斜放在阴极上各点的厚度（增重）是不同的。通过求出不同电流密度下阴极板上各点的厚度差异来评判该镀液的分散能力好坏。分散能力又称均镀能力。

将电镀后洗净烘干的赫尔槽样片按照图 4-6 所示划分成 8 个部分，测出 1～8 号方格中心部位镀层厚度 δ 值。

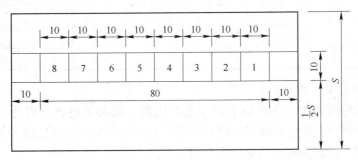

图 4-6　阴极样板划分图示

然后按下式计算镀液的分散能力：

$$T = \frac{\delta_i}{\delta_1} \times 100\% \tag{4-3}$$

式中 T——分散能力，%，数值从 0～100%；

δ_1——1 号方格的镀层厚度，μm；

δ_i——2～8 号方格中任意选定方格的镀层厚度，μm，一般取 δ_5。

通过绘制 δ-格数图，可以直观地看出镀层分布的均匀性。

三、镀层性能的测定对比

把镀好的不同种类的阴极试片，进行光亮程度、合格电流密度范围及镀层金属硬度的对比，从而比较各种镀液的综合性能的区别。

1. 钴含量与镀层硬度的关系

分别测定从有钴镀液和无钴镀液中制得的试片的显微硬度值，以确定钴含量的变化对镀层硬度的影响。镀层硬度用显微硬度计测定。

硬度测试步骤如下：

（1）用蘸有酒精的脱脂棉对试样进行去油。

（2）确定测量部位。在测量时为避免基体金属对镀层硬度的影响，被测镀层的厚度要求在 7μm 以上。

（3）根据镀层金属的性质和厚度选择负荷，在可能的范围内，尽量选用大负荷（Ni 镀层负荷选在 1.5～3.5N）。

（4）将试样置于物镜下，选择好测硬度的位置，然后缓慢将试样移动到负荷连杆下。

（5）施加负荷。加压时，用手均匀移动制动器，使压头以均匀的速度压入镀层，并保持 15s。然后卸去载荷。

（6）将试样缓慢地移到物镜下，测量印痕的对角线长度。

（7）对同一试样，在相同条件下，取不同部位至少测量三次，取多次测量的算术平均值作为试验结果。注意：相邻测试点之间距应大于 $2d$。

数据记录与处理见表 4-5。

表 4-5 数据记录与处理

配　方	负荷/N	压痕对角线长 d/μm				硬度 HV $= \dfrac{1854 \times P}{d^2}$ / N·mm^{-2}
		1	2	3	均　值	
I						
II						
III						

2. 添加剂对镀层质量的影响

光亮剂加入电解液中，在电极表面上发生吸附，增大了电化学极化，从而细化了晶粒；另外，由于添加剂优先在微观凸峰处吸附，金属离子在该处还原较为困难，从而起到整平和增光作用。镍镀液中最基本的光亮剂有糖精和 1,4-丁炔二醇。

实验中取 500mL 镀镍（或镍钴）液，平均分于两个烧杯内；取 0.2g 糖精和 0.15g1,

4-丁炔二醇，用少量温热的蒸馏水溶解后加入其中一烧杯中；将两组镀液分别在赫尔槽内以相同的工艺参数电镀后，进行合格镀层电流密度范围及光亮程度、显微硬度的对比（表4-6）。

表 4-6　合格镀层电流密度范围及光亮程度、显微硬度的对比

配　方	有无光亮剂	光亮程度	合格镀层 D_k 范围	镀层显微硬度
I				
II				
III				

[思考题]

（1）通过本实验，你如何处理所得数据，从而综合评价镍和镍钴电镀液及其镀层性能的差异？

参 考 文 献

［1］李鸿年，等．实用电镀工艺［M］．北京：国防工业出版社，1990．
［2］曾华梁，等．电镀工艺手册［M］．2版．北京：机械工业出版社，1997．

第五章

有机磨具性能检测

实验11 酚醛树脂合成及其性能检测

[实验目的]

（1）理解缩聚反应的原理。

（2）掌握酚醛树脂的制备方法和反应条件对树脂性能的影响。

（3）掌握酚醛树脂性能（聚合速率、流动性、固体含量及黏度和软化点）的测定原理及方法。

[实验原理及方法]

一、酚醛树脂的合成原理

苯酚与甲醛在碱或酸性介质中进行缩聚，生成可熔性的热固性酚醛树脂，一般若在碱性介质中反应，则苯酚与甲醛的摩尔比为6：7（pH = 8~11），可用的催化剂为氢氧化钠、氨水、氢氧化钡。用氢氧化钠作催化剂时，总反应可分作两步：

（1）加成反应。苯酚与甲醛起始进行加成反应，生成多羟基酚，加成反应形成了单元酚醇与多元酚醇的混合物，如图5-1所示。

（2）羟甲基的缩合反应。羟甲酚进一步可进行缩聚反应，有图5-2所示两种可能的反应。

虽然图5-2a、b所示反应都可发生，但在碱性条件下主要生成图5-2b中的产物，也就是说缩聚体之间主要是以次甲基键连接起来。

继续反应会形成很大的羟甲基分子，据测定，加成反应的速率比缩聚反应的速率要大得多，所以最后反应物为线型结构，少量为体型结构。

二、涂料-4法测定黏度的原理

在一定的温度下，100mL试样通过黏度计漏嘴孔；连续线状流出的时间（s）即为其黏度值。涂料-4黏度计用于测定浓度较稀的液体树脂试样。

三、树脂液固体含量的测定原理

树脂液在规定时间、温度条件下加热干燥，除去水分等挥发物，剩余物质即为固体

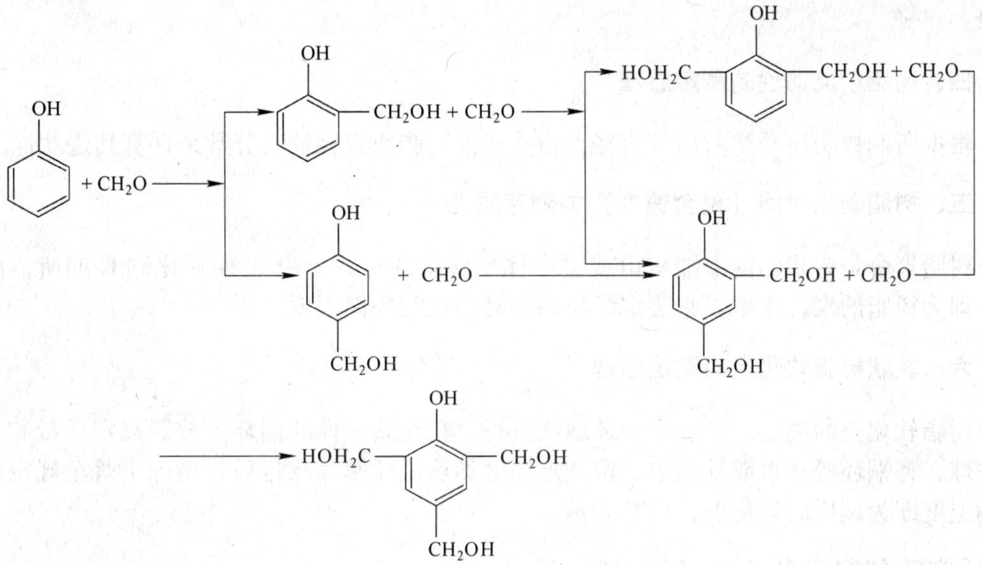

图 5-1　加成反应

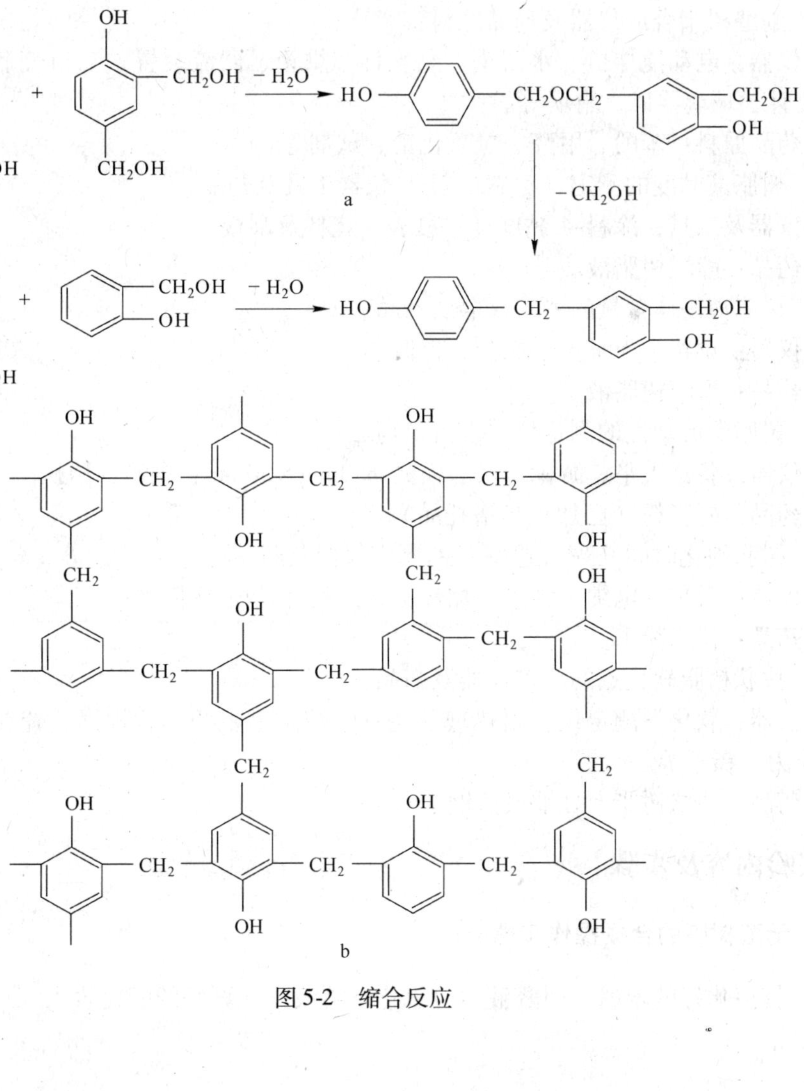

图 5-2　缩合反应

含量。

四、树脂粉流动性的测定原理

根据所制树脂块受热前后其直径差占受热前树脂块直径的百分数来计算其流动性。

五、树脂硬化时间（聚合速率）的测定原理

树脂聚合是树脂的内部结构由线型向体型转化的过程，由 A 期转化到 C 期所需的时间，即为树脂的聚合速率。它决定了树脂磨具硬化的快慢程度。

六、块状树脂软化点的测定原理

树脂软化点的测定，一般采用环球法进行。在充满试样的铜环上放置规定质量和尺寸的钢球，将铜环浸在水或甘油中，按一定速度加热试样使其软化后，钢球下落至规定高度时的温度即为试样的软化点，以℃表示。

［实验仪器设备及药品和材料］

（1）酚醛树脂合成仪器及药品原料：

1）仪器：电动搅拌机、水浴锅、黏度计、烘箱、回流装置、三口烧瓶、秒表、搅拌棒、温度计、玻璃器皿、坩埚等。

2）药品原料：苯酚、甲醛、氢氧化钠、试剂等。

（2）树脂液黏度的测定（涂料-4 法）仪器工具及药品：

1）仪器及工具：涂料-4 黏度计、秒表、烧杯及刮板。

2）药品：酚醛树脂液。

（3）树脂液固体含量的测定仪器及药品：

1）仪器：烘箱、天平、干燥器、瓷皿。

2）药品：酚醛树脂液。

（4）树脂粉流动性的测定仪器设备及药品：

1）仪器设备：天平、游标卡尺、模具 $\phi 50mm \times 50mm$、烘箱、压机。

2）药品：树脂粉（已加入乌洛托品）。

（5）树脂硬化时间（聚合速率）的测定仪器及药品：

1）仪器：天平、电炉、秒表、加热板、温度计及搅拌棒。

2）药品：树脂粉末。

（6）块状树脂软化点的测定仪器及药品：

1）仪器：软化点测定仪、耐热玻璃烧杯、控温电阻炉、石棉网、瓷皿、搅拌棒、温度计、小刀、镊子等。

2）药品：块状树脂、甘油或蒸馏水。

［实验内容及步骤］

一、酚醛树脂的合成操作步骤

（1）将溶化好的苯酚、甲醛液与氢氧化钠溶液按计算好的配比投入三口烧瓶内。

（2）加热三口烧瓶的水浴锅，并开动搅拌器，加热搅拌到能开始反应的温度（60～70℃）后，停止加热。

（3）靠缩聚反应放出的热量，使系统的温度自行升高到 95～98℃，并开始沸腾。此时接通冷凝器，使反应物的蒸汽冷凝并回流。

（4）保持沸腾的时间约为 30～60min，同时往水浴锅通些冷却水，保持缓慢的沸腾。

（5）每隔 15min 取一次样，观察反应程度，直到反应终点。

（6）反应结束后再往水浴锅通冷却水，使树脂液冷却到 60～70℃，然后进行部分脱水。

（7）开动真空泵，进行真空脱水。树脂液冷却到 50℃ 以下出料。

二、涂料-4 法测定黏度的操作步骤

涂料-4 法也叫杯法，是在涂料-4 黏度计中测定的，实验装置如图 5-3 所示，黏度计容量在 18～20℃ 时为（100±1）mL，内径为 ϕ(49.5±0.2)mm，内锥角度为 81°±15′，漏嘴孔内径为 ϕ(4±0.02)mm，高为 (4±0.02)mm，黏度计的水值一般应为 (11.5±0.5)s。测量范围在 10～150s。

测定时先将试样充分搅拌均匀，置于 (25±1)℃ 水液上恒温 1h。将黏度计内壁及流出口擦拭干净安置在水平位置，在黏度计下放置 150mL 的受样烧杯，用手指或球形阀堵住漏嘴孔，将已恒温（(25±1)℃）的试样搅拌均匀，倒满黏度计内，静置片刻，用刮板将多余的试样和气泡刮入边缘凹槽处，然后放开手指或球形阀，使试样流出，并同时开动秒表，当试样流丝中断并呈现第一滴时，停住秒表，记录试样从黏度计流出的时间（s），此时间即为试样的条件黏度值。

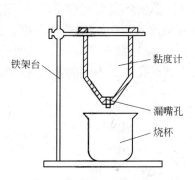

铁架台　　黏度计

漏嘴孔

烧杯

图 5-3　涂料-4 黏度计实验装置

三、树脂液固体含量的测定操作步骤

称取试样 1.0～1.2g，平摊于烘干至恒重的瓷皿中（或瓷坩埚盖中），放入 60℃ 以下烘箱中，升温至 (180±2)℃ 烘干 30min（或者在 160℃ 下烘干 2h）取出，放入干燥器冷却至室温，称量，然后用下式计算出试样的固体含量：

$$固体含量 = \frac{G_1 - G_2}{G} \times 100\% \tag{5-1}$$

式中 G_1——烘干后试样加瓷皿的质量，g；

       G_2——瓷皿的质量，g；

       G——干燥前试样的质量，g。

四、树脂粉流动性的测定操作方法

称取待测的树脂粉100g，压制成50mm×50mm的圆柱试块，将已成型好的试块用卡尺测量直径后，用小钉固定在45°角的斜面钢板上，放入40℃烘箱中，以每小时升高10℃的速度加热8h，至达到120℃为止，取出冷却后，用卡尺测量其直径，用下式计算出流动性百分数：

$$流动性 = \frac{R - r}{r} \times 100\% \tag{5-2}$$

式中 R——加热后试块成型直径，mm；

      r——试块成型直径，mm。

五、树脂硬化时间（聚合速率）的测定操作方法

把加热板升温至150~160℃，将2~3g树脂粉末摊放于加热板无槽内，并不断把玻璃棒提高10~12mm，观察引伸线的生成，线条引伸或断裂的瞬间称为树脂的硬化终止。从树脂倒入金属板上开始，到引伸线断裂为止，所需的时间为硬化时间（速率），一般为1~3min。

六、块状树脂软化点的测定操作方法

软化点测定仪如图5-4所示，金属环架由两根支柱和三层平行金属板（上承板、中承板、下承板）组成，整个金属环架放入800mL耐热烧杯中，铜环放在中承板的相应孔上，钢球（直径9.53mm，重3.45~3.55g）放在铜环上，借助于定位环定位。环架上有液面高度标记。下承板的上平面与中承板孔的下平面的距离为(25.4±0.1)mm。

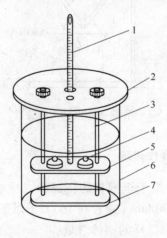

图 5-4　软化点测定仪

1—温度计；2—上承板；3—液面刻度痕；4—钢球；

5—中承板；6—烧杯；7—下承板

（1）试样的制备。利用热塑性树脂受热熔融的特性，将一定量的固体树脂放在干净的瓷坩埚内，置于电热板上加热（高于初始熔化温度 25～50℃）至熔融，搅拌均匀，同时将带热铜环（接近树脂浇注时的温度）放在涂有甘油的瓷板（或玻璃板）上，采用浇注法把熔融的树脂注入铜环内，趁热用刀片轻压使其充满无缺，且无气泡，凝固后用热刀片除去高出环面的树脂，冷却至室温。

（2）操作方法为：

1）将装有试样的铜环放置在环架中承孔板的相应圆孔上，使两个铜环平面处于同一水平面位置，套上钢球定位环，其上各放一钢球，装好温度计，使其水银球底端与铜环底平齐，然后把环架浸入盛有水或甘油（量至液面刻度痕）的耐热玻璃烧杯中，在电阻炉上缓慢加热，并轻轻转动框架进行搅拌，保持温度均一。

2）均匀升温，开始升温速度约为 5℃/min，当升至接近软化点约 20℃时，控制升温速度为 1～3℃/min，直到树脂软化钢球下沉到下承板时，读其温度即为该试样的软化点。

［实验注意事项］

（1）酚醛树脂的合成注意事项为：

1）实验过程有良好的通风环境，有毒药品污染皮肤后要立即用清水冲洗。

2）水浴锅使用前所加水位要高于隔板，搅拌机开机前要检查调速旋钮是否处于起始点。

3）实验结束，调速旋钮逆时针退到"0"位，切断电源，拔出插头。

（2）涂料-4 法测定黏度的注意事项为：

1）测试试样内不得有气泡存在。

2）同一试样的条件黏度值，应做三次，求其算术平均值，每次测定差值不得大于均值 3%。

3）本法所测为相对黏度，只适用于测定较稀液体的黏度。

（3）块状树脂软化点的测定注意事项为：

1）测试时，试样上下表面及框架任何部分不得附有气泡。

2）当试样软化点高于 95℃时，热浴采用甘油；低于 95℃时可用蒸馏水。

3）实验时两球下落的温度差应低于 1.5℃。

4）每次试验完毕，必须将仪器擦拭干净。

（4）树脂液固体含量的测定注意事项为平行测定两个试样，测定结果之差不大于 0.5%。

（5）树脂硬化时间（聚合速率）的测定注意事项为一般要求做 3 次，取平均值。

（6）块状树脂软化点的测定操作方法注意事项为：

1）控制升温速度。

2）做 2～3 次平行测定，取平均值。

［思考题］

（1）酚醛树脂在磨具制造中的作用是什么？

（2）热固性和热塑性酚醛树脂有何区别？

（3）试从结构、原料配比及工艺条件等方面说明其对酚醛树脂性能的影响。

（4）液体树脂的黏度和温度与固体含量有何关系？对磨具的性能有何影响？

（5）树脂液固体含量的高低对磨具的硬度、强度及磨削性能有何影响？

参 考 文 献

［1］邹文俊．有机磨具制造［M］．北京：标准出版社，2001．

［2］华勇．磨料磨具导论［M］．北京：标准出版社，2004．

［3］张举贤．高分子科学实验［M］．河南：河南大学出版社，1995．

实验 12　PVA 浆料的合成及其浆布性能的测定

[**实验目的**]

（1）掌握 PVA 浆料的配料原则、配制方法及浆布质量，控制干燥温度使其具有高强度。

（2）掌握基体强度和伸长率的测定方法。

（3）掌握砂布磨削性能的测试方法，能对照标准对涂附磨具进行分级。

[**实验原理及方法**]

（1）浆料调制原理。浆料（以化学浆调制 PVA 为例）实质上是基体处理剂，在涂附磨具制造过程中，为了便于涂胶植砂，提高基体的某些性能，在基体的正面和背面常涂一层化学胶黏物质，习惯称浆料。合成树脂是由低分子合成的高分子化合物。用于上浆的合成树脂必须是水溶液性的，其中 PVA 是将醋酸乙烯进行聚合，变成聚醋酸乙烯，再将后者与无水甲醇作用，以氢氧化钠为接触剂，在 30～42℃温度下反应醇解（即醇化或皂化）而成，PVA 的水溶性随温度的升高而提高，适用于纯棉及各类化纤品。

（2）基体断裂强度和伸长率的测定原理。基体断裂强度和伸长率分径向和纬向，采用 5cm×20cm 布条，测定拉伸断裂时的负荷重（kg）及断裂时的伸长百分率。实验宜在（20±2）℃、相对湿度（65±5）% 下进行，试验机上、下夹具的距离一般为 20cm；下夹具无负荷时的下降速度为（200±10）mm/min，预加张力重锤，若布的断裂强度大于 2000N，挂 1kg 砝码；小于 2000N 者挂 1/2kg 砝码。

（3）砂布磨削性能的测定原理。磨削性能是指在规定的磨削条件下，涂附磨具所能磨去的金属量（g）。不同的产品具有不同的磨削性能，因此，测定磨具的磨削性能是检查涂附磨具产品的内在质量的重要手段。

[**实验仪器及材料药品**]

（1）浆料调制仪器及材料药品：

1）浆料调制仪器及材料：电热鼓风干燥箱、水浴锅、固定板、刮浆板、平纹纯棉棉布、着色剂、500mL 烧杯、天平等。

2）浆料调制药品：聚乙烯醇、着色剂、滑石粉等。

（2）基体断裂强度和伸长率的测定设备、用具及材料：

1）设备及用具：织物断裂强度试验机、剪刀、直尺、铅笔。

2）材料：布基体。

（3）砂布磨削性能的测定设备、用具及材料：

1）设备及用具：涂附磨具磨削试验机、天平、剪刀、铅笔、模板等。

2）材料：砂布。

[实验内容及步骤]

一、浆料调制步骤

（1）在容器中加入260g清水（低于50℃）；

（2）称量60gPVA，加入水中，然后边加热边搅拌，在90~100℃的范围内保温约2h，使PVA全部溶解；

（3）称量80g滑石粉，加入溶解后的PVA中，保温10min；

（4）加入着色剂，继续搅拌；

（5）调节温度加入适量的胶黏剂，搅拌均匀；

（6）加入其他辅料，搅拌均匀，待用。

二、基体断裂强度和伸长率的测定步骤

（1）试样制备：按常规方法取样，即在距布边至少10cm处剪取断裂强度试验布条，径向三条，纬向四条；每条宽约5.5cm，长30~38cm。然后抽去边纱，使宽为5cm（公差为1/2根）。

（2）试验时，上夹具可同时夹数条布条，然后逐条测定，布条夹紧时宜平行、垂直松紧适度，即可测定。试验断裂伸长时，如试验机附有伸长标尺，可在进行强度试验时，直接记录断裂伸长的厘米数及伸长率；如无伸长标尺，则应量取断裂时织物伸长的厘米数，按下式计算：

$$断裂伸长率 = \frac{断裂时布样长 - 上下夹距离}{上下夹距离} \times 100\% \tag{5-3}$$

湿状断裂强度亦按本法测定，只需将布条在30~35℃水中浸湿15min，用手平整挤压，去除多余水分，再进行试验。

三、砂布及砂纸磨削性能的测定

1. 砂布（页状）磨削性能的测定内容及步骤

（1）实验条件：

磨削方式：干磨。

试棒材质：45号钢。

试棒硬度：HRB（82±3）。

试棒直径：$12_0^{+0.15}$mm。

试棒长度：30~150mm。

磨削压力：动物胶砂布或半树脂砂布为15N，全树脂砂布为20N。

磨盘转速：320r/min。

磨削时间：20min（全树脂砂布为4×30min）。

磨削轨迹（直径）：内径(87±0.2)mm；环宽度(16.5±0.4)mm。

（2）测定方法。测定时，将外径165mm，孔径10~20mm的砂布试样称重并平放压紧于磨盘上，固定已知质量的试棒，加压，开机磨削至规定时间，然后分别将试样、试棒称

重，即得磨削量与脱砂量，用式（5-4）、式（5-5）表示：

$$W_W = G_1 - G_2 \qquad (5\text{-}4)$$

式中　W_W——磨削量，g；

　　G_1——试棒磨削前的质量，g；

　　G_2——试棒磨削后的质量，g。

$$W_S = W_1 - W_2 \qquad (5\text{-}5)$$

式中　W_S——脱砂量，g；

　　W_1——试样磨削前的质量，g；

　　W_2——试样磨削后的质量，g。

　　必要时，在进行上述测定的同时，还可以进行砂布使用寿命、磨削比与磨削效率的测定。即砂布磨 30min 并称重取得磨削量与脱砂量后，再按以上同样操作进行磨削，直至砂布开始露底时即终止磨削，其总的磨削时间（h）即为使用寿命 T。取下试棒，称重，按式（5-6）、式（5-7）计算磨削比和磨削率：

$$G = \frac{W_W}{W_S} \qquad (5\text{-}6)$$

式中　G——磨削比，g；

　　W_W——磨削量，g；

　　W_S——脱砂量，g。

$$Z = \frac{W_W}{T} \qquad (5\text{-}7)$$

式中　Z——磨削率，g/h；

　　W_W——磨削量，g；

　　T——总的磨削时间，h。

　　2. 耐水砂纸磨削性能的测定步骤

耐水砂纸磨削性能的测定基本与干磨砂布相同，但磨削条件有如下改变：

（1）实验条件：

磨削方式：水磨。

试棒材质：Ly12CZ 铝合金。

试棒直径：$12_0^{+0.15}$mm。

磨削压力：动物胶砂纸为 10N，树脂砂纸为 15N，耐水砂纸为 10N。

磨削轨迹（直径）：内径（87±0.2）mm，环宽度为（16.5±0.4）mm。

磨盘转速：320r/min。

磨削时间：30min。

（2）测定方法。取一个外径为 165mm，内径为 10～20mm 的试样，在 40℃恒温水中浸泡 4h，进行磨削试验，具体操作及计算式同干磨砂布。

［实验注意事项］

（1）浆料的合成要求为：

　　1）浆料要求黏结性好、黏度稳定适中、成膜性好、渗透性适中、柔韧性适中、柔软性好。

　　2）合成好的浆料要定温、定积，这样的浆料流动性好，便于涂布。

　　3）刮浆厚度一般以不堵塞纱孔、不透胶为宜，浓度以均匀涂布为好。

　　（2）实验数据处理按数字修约规则取小数点后一位。

［实验报告要求］

　　（1）基体断裂强度和伸长率的测定要求；

　　（2）实验日期；

　　（3）实验温湿度；

　　（4）测定试样的方向及抗拉强度、伸长率。

［思考题］

　　（1）相同的产品磨削后为什么有不同的实验数据？

　　（2）磨削参数的改变对涂附磨具的内在质量有什么影响？

参 考 文 献

［1］邹文俊. 涂附磨具制造［M］. 北京：标准出版社，2000.

实验 13　橡胶可塑性的测定

[实验目的]

掌握切片机的操作方法,掌握威氏可塑计的测定原理及操作方法。

[实验原理及方法]

将橡胶试样置于两个光滑平面之间,在一定的温度及负荷下,压缩一定的时间,测量压缩前后试样厚度的变化,求出其受力变形的大小,称为该橡胶试样的可塑性。

[实验仪器、材料及工具]

（1）仪器:自动恒温可塑度仪、切片机、电热鼓风干燥箱。

（2）工具:游标卡尺、秒表及镊子。

（3）材料:橡胶。

[实验内容及步骤]

橡胶可塑度试验机如图 5-5 所示,由恒温箱、工作台及恒温控制器组成。加压重锤和工作平台装于恒温箱内,加压重锤通过凸轮操纵机构,按动扳手,由凸轮旋转将加压重锤沿两支架上下滑动,百分表固定于箱顶部支架上,测量因试样变形加压重锤位移的数值,温度计插于箱体内,通过温度轴套露出体外,可直接观察箱内温度。

（1）试样制备方法为:

1）将欲测的胶料用切片机制成直径 $\phi(16 \pm 0.5)\,\text{mm}$,厚 $H(10 \pm 0.25)\,\text{mm}$ 的圆柱体 3~5 个备用,要求试样无气泡、气孔和杂物。

2）试样厚度达不到规定,可用 2~3 层黏合切取,黏合胶温不低于 40℃。

（2）操作步骤如下:

1）调节温控指针使其指在 70℃,开启电源,经过一段时间即可自动恒温在 (70 ± 1)℃。

2）用游标卡尺测量试样的厚度 h_0,然后放入仪器恒温箱内预热 3min。

3）将试样置于加压重锤与工作平台之间,按下扳手使试样承受负荷（5kg）。

4）压缩试样 3min,测定其在负荷作用下的厚度 h_1（具体测法见第 6 条）。

5）除去负荷,取出试样,在室温下放置 3min,测量恢复后的厚度 h_2。

6）h_1 测法:采用百分表反读法,即先放下加压重锤,调节百分表使其被压缩 10mm,然后抬起重锤,放入试样进行测量,这样试块的厚度即为 10 减去百分表读数所得结果。

7）根据试样高度的前后变形量用下式计算可塑度 P:

$$P = \frac{h_0 - h_2}{h_0 + h_1} \tag{5-8}$$

可塑度 P 值为无名数,数值在 0~1 之间。可塑度值越大,可塑性越好。

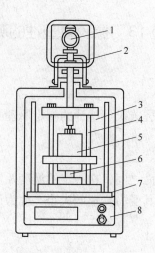

图 5-5   可塑度试验机

1—百分表；2—扳手；3—恒温箱；4—支柱；5—加压重锤；
6—试样；7—工作台；8—恒温控制器

[实验注意事项]

（1）实验时，恒温箱开始加热，加压重锤面与工作平台要保持接触，使其温度相互传导保持一致。

（2）应在胶片上取三个不同点切取试样，取三个试样的平均值代表试验结果。

[思考题]

可塑度 P 值的大小对橡胶磨具制造中混料与成型的影响有哪些?

参 考 文 献

[1] 邹文俊. 有机磨具制造 [M]. 北京：标准出版社，2001.

第六章

陶瓷磨具性能检测

实验 14　陶瓷结合剂性能检测与分析

[实验目的]

在不同烧结温度下，制备低温陶瓷磨具，并检测陶瓷结合剂的膨胀系数、抗折强度的变化。

[实验原理及方法]

配制出一种低熔点高强度陶瓷结合剂，一方面保证了结合剂本身具有比较高的强度，另一方面实现了磨具的低温烧结，减轻或避免了超硬磨料所受的热损伤。

黏土在陶瓷结合剂中的含量一般约为 15%～50%，它的主要作用是：

（1）由于黏土具有可塑性、结合性的特性，因而可利用它的这些特性来提高磨具湿坯及干坯的强度，以适应磨具的成型、搬运的要求。结合剂的其他原料如长石、石英、滑石等均系瘠性料，它们不能将磨料与结合剂黏结在一起，只有黏土可以达到这种要求。

（2）能调整结合剂的耐火度。用于配制结合剂的黏土一般均采用纯度较高的高岭石类黏土，其耐火度约 1700～1780℃。结合剂中黏土含量的增加，必然导致结合剂耐火度的提高。在研制新结合剂时，可调整黏土的用量来提高或降低其耐火度。

（3）能扩大结合剂的烧结范围。结合剂的烧结范围越宽，烧成时越容易控制，产品质量较稳定。黏土的烧结范围比较宽，优质高岭土达 200℃，不纯黏土达 150℃。为了扩大结合剂的烧结范围，可适当提高黏土的含量。

（4）向结合剂中引进 Al_2O_3 成分。在常用的铝硅酸盐矿物中，高岭石中含 39.5% Al_2O_3，长石中含 18.4% Al_2O_3。按化学成分仿制新结合剂时，Al_2O_3 成分主要靠黏土原料来提供。

硼玻璃的耐火度很低，约为 640～690℃，在结合剂中它是一种强催熔剂，能显著降低结合剂的耐火度。它的作用是：

（1）利用其催熔作用，使结合剂大部分形成玻璃体，这种含硼的玻璃体通常本身具有较高的强度，使磨具的强度也有较大幅度的提高。

（2）它能增加结合剂的流动性、润湿性，有促使结合剂在磨粒间均匀分布的作用。

（3）能提高结合剂的反应能力，含硼结合剂能溶解刚玉中更多的 Al_2O_3 进入结合内，一般为 30% ~ 60%，使刚玉与结合剂的膨胀系数趋于一致，结合桥内不易产生微裂纹，对提高磨具强度有利。

铅玻璃的主要成分为 Pb_3O_4，高温（高于 $600\,℃$）下 Pb_3O_4 不稳定而发生分解，生成 PbO 并放出 O_2，即 $Pb_3O_4 \rightarrow 3PbO + 1/2O_2$。铅玻璃的主要作用是：

（1）生成的 PbO 也是一种良好的助熔剂，它可与许多金属氧化物形成易熔的共晶或化合物。

（2）提供自由氧。

（3）生成的 PbO 与硅氧四面体 $[SiO_4]$ 通过顶角或共边相连接，形成一种特殊的网络，提高了玻璃体的强度。

[实验仪器及材料]

（1）PRZ-1 型晶体管式自动热膨胀仪；DKZ-5000 型电动抗折试验机，进行抗折强度的测试。

（2）以黏土（包括长石、石英、滑石等）、硼玻璃粉、铅玻璃粉为主要原料，并加入一定量的氧化锌来配制陶瓷结合剂。

[实验内容及步骤]

陶瓷磨具制造的步骤如下：

（1）配料。配制成型料是制造磨具的第一道工序。根据生产的批量要求，按照配方计算出这批磨具所需要的各种原材料（磨料、结合剂及有关的各种附加料），并准确地称量。如果配料时的称量不准确，将会造成磨具硬度的偏差或制品的变形。

（2）混料。混料是制造磨具的重要工序之一。成型料要混合均匀，以使磨粒与结合剂在烧成、硬化过程中达到均匀结合。混料时除应确保结合剂或润湿剂、黏结剂（糊精）不结块外，还应注意不要混入杂质和粗磨粒，否则将会造成废品或影响磨具的使用质量，使工件表面产生划伤和拉毛。

（3）成型。将混好的成型料制成具有一定几何形状的磨具坯件的过程叫做成型。成型方法主要有热压烧结成型和冷压烧结成型。冷压烧结是首先在模具中将粉末以较高压力压制成型，然后在常压下烧结。为了防止粉末氧化，烧结一般在还原性气氛（如氢气或氨分解气）下进行。这种烧结过程主要依赖于液相在毛细管力的作用下，填充气孔达到致密化。液相对固体颗粒的浸润性直接影响能否顺利烧结，如果浸润性不好或固相颗粒表面氧化，液相则不能良好渗透，烧结体密度和强度较低。所以冷压烧结配方设计中要求能够形成较多的液相。目前冷压烧结主要用于金刚石小锯片、金刚石砂轮等难以进行热压烧结的工具的制造。具有生成批量大、制造成本低的特点。冷压烧结过程时间较长，基本上遵循普通粉末冶金的原理和工艺。

（4）干燥。陶瓷磨具成型后的湿坯体一般都要经过干燥。干燥工序的作用是排除坯体内的游离水分，从而提高它的坯体强度，以便搬运、检查和装窑操作。同时也为避免焙烧时由于水分过多、蒸发太快而产生裂纹。

（5）焙烧。焙烧是生产陶瓷磨具的关键性工序之一。要使制品具有固定的形状、相应的硬度、机械强度以及其他性能，必须使坯件中的结合剂玻璃化或瓷质化，并与磨料发生一系列的物理化学反应，使之牢固地黏结。这个过程要通过高温焙烧来实现。

在焙烧过程中，当加热到 120～150℃时，吸附水首先逸出；250～300℃时，结晶水开始缓慢地排出；当温度达到 400～450℃时，这个过程加速进行，黏结剂（糊精及其他有机物）分解，此时强度略有降低；在 450～750℃时，由于黏结剂的分解，坯件的强度降到最低，故此阶段的升温速度不宜过快。当温度继续升高时，坯件内部发生极大的变化。在刚玉磨具的坯件内，低熔物首先熔融，最后形成黏稠的熔融物。由于液相的形成，体积开始收缩。特别是磨粒表面的溶解，随着温度的升高而增加，其结果不仅改变了结合剂的组成，而且起着降低黏度的作用。

（6）机械加工。机械加工是为了除去焙烧过程中所形成的"硬皮"和黏附于表面的杂物，使磨具具有较精确的几何尺寸、形状和平整的表面。机械加工通常在车床上进行，刀碗是加工砂轮的主要工具，由厚约 2mm 的低碳钢板在冲床上冲压而成，经渗碳淬火表面硬度达 HRC 58～62。

（7）检查。各类磨具产品的检查包括外观、硬度、平衡及强度等项目。

陶瓷磨具的膨胀系数测量是指测量其线膨胀系数，其意义是温度升高 1℃时单位长度上所增加的长度，单位为 cm/(cm·℃)。

假设物体原来的长度为 L_0，温度升高后长度的增加量为 ΔL，实验指出它们之间存在如下关系：$\Delta L/L_0 = \alpha_1 \Delta t$，其中 α_1 称为线膨胀系数，也就是温度每升高 1℃时，物体的相对伸长。

当陶瓷条的温度从 T_1 上升到 T_2 时，其线性长度也从 L_1 变化为 L_2，则该物体在 T_1～T_2 的温度范围内，温度每上升一个单位，单位长度物体的平均增长量为 ΔL。在讨论材料的线膨胀系数时，常用的计算公式为：

$$\alpha = (L_2 - L_1)/L_1(T_2 - T_1) \tag{6-1}$$

式中　α——陶瓷的平均线膨胀系数；

　　　L_1——在温度为 T_1 时试样的长度；

　　　L_2——在温度为 T_2 时试样的长度。

必须指出，由于膨胀系数实际上并不是一个恒定的值，而是随温度变化的，所以上述膨胀系数都是具有在一定温度范围 ΔT 内的平均值的概念，因此使用时要注意它适用的温度范围。

将冷却后的试样条置于 DKZ-5000 型电动抗折试验机上，读出折断载荷 P，按下式算出抗折强度值：

$$\sigma = \frac{3PL}{2bh^2} \tag{6-2}$$

式中　σ——试样的抗折强度，MPa；

　　　h——试样的高度，mm；

　　　b——试样的宽度，mm；

　　　P——折断载荷，N；

　　　L——支点距离（$L = 60$mm）。

[实验注意事项]

在 SiC 磨具坯件内，这个熔融过程则仅仅是局部的和少量的（相对烧结结合剂而言）。因为液相的出现会促使 SiC 发生分解，反应为：$SiC \rightarrow Si + C$。在氧不足的条件下，Si 氧化为 SiO_2，C 因部分氧化或不氧化而残留在制件内，容易形成"黑心"的废品。

[实验报告要求]

（1）叙述陶瓷磨具制备的过程，并指明烧结过程中容易出现的问题。

（2）得到陶瓷磨具条的膨胀系数和抗折强度随结合剂配方的变化，并测量计算出陶瓷结合剂的强度值。

[思考题]

（1）陶瓷结合剂烧结温度与结合剂配方之间有什么关系？

（2）助溶剂对陶瓷磨具力学性能的影响关系是怎样的？

（3）各种添加剂在陶瓷磨具制造过程中起的关键作用是怎样的？

第七章
温度的检测与控制

温度的检测与控制是材料科学研究及生产过程中一个重要方面。它是解决材料生产过程中的质量控制、零件使用中的失效分析以及研究微观组织结构与性能的相关问题的一个重要手段。

近年来，电子技术，声学，光学等技术的发展给非电量电测方法提供了良好的条件，温度的检测与控制的试验方法也得到迅速发展。温度的检测与控制包括两部分内容，第一是仪器的工作原理及实验方法的基本原理，第二是实验方法与实验技术，两者密切相关，具有同样的重要性，只有了解了仪器的工作原理及实验方法的基本原理才能对复杂的实验现象作出正确的判断，并指导实验实践。但是课堂上讲授的基本理论和原理必须通过正确的实验方法及熟练的技能才能深刻掌握，因此，在实际教学过程中既要重视基本原理的学习，更要重视教学实验环节，完成本章实验内容一方面可以加深对基本原理的理解，另一方面可以掌握有关仪器的操作并培养动手能力，为材料的实验研究工作打下基础。

为加强实验课程的系统性及考虑到非电类专业学生学习仪器工作原理和实验技能的特点及要求，本章内容将有关温度检测与控制的元器件、测温仪表、热控制电路等方面的基本知识有机地联系起来，采用综合设计实验的方法，在进行完整的系统设计及安装的过程中，每一环都要运用学过的知识，加深对理论学习内容的理解，形成完整的温度检测、控制、调整乃至设计、安装等必要的知识体系，既加深了对知识的理解，又拓宽了解决问题的思路和能力。要圆满完成本综合设计型实验，不仅需要一定的理论知识，还需要灵活多样的实验技能。为此，要求学生要有学习的主动性和高度的自觉性，在实施任务的过程中需查阅大量的科技资料，自行处理实验过程中的一切问题，在完成实验的过程中进一步开发智力，全面培养和提高实际工作中的动手能力。

实验 15   温度的检测与控制系统设计

［实验目的］

（1）了解各类热电偶的鉴别、使用方法。

（2）掌握感温元件、控温元件及温度仪表的工作原理和使用方法。

（3）设计一个完整的控温电路并完成安装、调试。

［实验原理及方法］

一、热电偶的类型及极性的鉴别

类型鉴别：将在某一温度测得的热电势 $E(t_n,t_x)$ 与分度表中不同型号的热电势 $E(0,t_x)$ 进行对照，与之相近为对应的型号（t_n 为室温，由于它的影响，测得的 $E(t_n,t_x)$ 低于分度表中的 $E(0,t_x)$）。t_x 可以选择 $100℃$。

极性鉴别：当热电偶冷、热端温度不一致时，可用 UJ-37 在正、负极两端测出一电势值。若该电势为正值，则 UJ-37 正极接线柱所接的为电偶的正极，另一极为负。反之亦然。

二、中间继电器的结构和工作原理

中间继电器是一种电子机械开关，一般由铁芯、线圈、衔铁、触点、簧片等组成。线圈是用漆包线在一个圆铁芯上绕几百圈至几千圈。只要在线圈两端加上一定的电压，线圈中就会流过一定的电流，圆铁芯就会产生磁场，该磁场产生强大的电磁力，吸动衔铁带动簧片，使簧片上的触点接通（常开触点）。当线圈断电时，铁芯失去磁性，电磁的吸力也随之消失，衔铁就会离开铁芯，由于簧片的弹性作用，由衔铁压迫而接通的簧片触点就会断开，如图 7-1 所示。因此，可以用很小的电流去控制其他电路的开关，达到某种控制的目的。常见的继电器外形如图 7-2 所示。

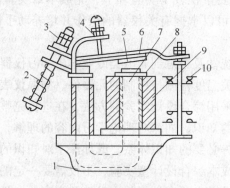

图 7-1　中间继电器的典型结构

1—底座；2—反力弹簧；3，4—调节螺钉；5—非磁性垫片；6—衔铁；

7—铁芯；8—极靴；9—电磁线圈；10—触头系统

中间继电器的"常开触点"、"常闭触点"可以这样来区分，继电器线圈未通电时处于断开状态的静触点，称为"常开触点"，线圈未通电时处于接通状态的静触点称为"常闭触点"。

三、固态继电器的结构和工作原理

固态继电器（solid state relays，简写成"SSR"）是一种没有机械运动、不含运动零件的继电器，但它可实现相当于常用的机械式电磁继电器一样的功能。由于固态继电器是由

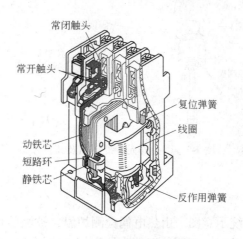

图 7-2　常见的继电器外形

固体元件组成的无触点开关元件，所以与电磁继电器相比具有一系列的优点，因而具有很宽的应用领域，有逐步占领传统电磁继电器无法应用的计算机等领域的趋势。

固态继电器的结构及原理与机械式电磁继电器基本相同。固态继电器由三部分组成：输入电路、隔离（耦合）和输出电路。按输入电压的不同类别，输入电路可分为直流输入电路、交流输入电路和交直流输入电路三种。有些输入控制电路还具有与 TrL/CMOS 兼容、正负逻辑控制和反相等功能。固态继电器的输入与输出电路的隔离和耦合方式有光电耦合和变压器耦合两种（以光电隔离型为最多）。固态继电器的输出电路也可分为直流输出电路、交流输出电路等形式，交流输出通常使用两个可控硅或一个双向可控硅，直流输出一般用大功率开关三极管或功率场效应管。

它的工作原理是：SSR 只有两个输入端（3 和 4）及两个输出端（1 和 2），是一种四端器件。工作时只要在 3、4 上加上一定的控制信号，就可以控制 1、2 两端之间的"通"和"断"，实现"开关"的功能。其中耦合电路采用光耦合器使 SSR 输入、输出端之间在电气上断开了联系，以防止输出端对输入端的影响。由于输入端的负载是发光二极管，在使用时可直接与计算机输出接口连接。触发电路的功能是产生合乎要求的触发信号，驱动开关电路工作。直流型的 SSR 与交流型的 SSR 相比，无过零控制电路，也不必设置吸收电路，开关器件一般用大功率开关三极管，其工作原理基本相同。

四、可控硅整流器的结构和工作原理

可控硅整流器（silicon controlled rectifier）通常称为 SCR，是一种非常快速的开关。一个机械开关要在 1min 内开关几百次几乎是不可能的，然而，现在某些可控硅元件可以达到每秒开关 25000 次。这些元件可以在几微秒内接通或断开。图 7-3 所示为可控硅元件外形图及其符号。在图中还标志出了它们之间的相应极性。

可控硅控温原理如下：由热电偶检测炉温，被测的热电势进入仪表与毫伏定值器进行比较，两者有偏差时，表明炉温偏离给定值。此偏差经毫伏放大器后送入 PID 调节器，输出的控制信号即送入触发器，发出相应的脉冲去触发可控硅，改变可控硅的导通角，调节加热功率，使温度偏差迅速消除，以达到恒温状态。

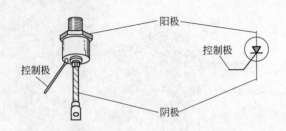

图 7-3　可控硅元件外形图及其符号

五、温度调节系统

图 7-4 为温度调节系统示意图。由热电偶检测炉温，被测的热电势进入仪表与毫伏定值器进行比较，两者有偏差时，表明炉温偏离给定值。此偏差经毫伏放大器后送入温度调节器，输出的控制信号即送入执行器，发出相应的触发信号，调节加热功率，使温度偏差迅速消除，以达到恒温状态。该过程随系统所选用的控制器及执行器的不同而有所不同。

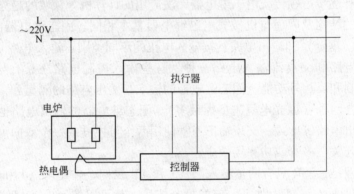

图 7-4　温度调节系统

［实验仪器及材料］

各种型号的温度调节仪、中间继电器、可控硅、固态继电器、交流接触器、组合电路板、各种类型热电偶、UJ-37 型直流电位差计、UJ-36 型直流电位差计、电子电位差计、电炉、烧杯、可控硅调压主回路、动圈表、管式炉、水银温度计、转换开关、指示灯（红、绿）、接线端子排、导线若干等。

［实验内容及步骤］

（1）实验准备：

1）从教师处得到或自己选择一个需要温度测量与控制的任务。

2）认真学习相关的理论知识，查阅一定的科技资料。

3）写出具体方案、实施手段、所用仪器设备、设计线路图、测试方法、工作计划与日程安排等。

4）将准备报告交指导教师审阅，经批准后方可进行实验。

（2）实验步骤如下：

1）应用"试验参量的检测与控制"课程中所学的理论知识，设计一种温度测量与控制系统。

2）按任务要求选择温度测量与控制所需的主要元器件并设计线路图，确认无误后交老师审查，并根据审查意见进行修改，再次审查合格后进行下一步。

3）按设计线路图选择实际使用的元器件，对有要求进行误差检查的元器件如热电偶、显示控制仪表等进行误差校验并标定，然后交老师进行验收，合格后进行下一步。

4）按照经审查合格的设计方案、线路图连接所需元器件，对实际测量与控制线路进行检查，确认无误后请指导教师检查，合格后通电检验该系统的可行性。

（3）实验总结。写出完整的实验总结报告和设计说明书。

［实验注意事项］

（1）连接好线路后，必须请指导教师检查无误后方可通电。

（2）实验箱通电后，不经允许严禁以任何方式触碰各种元器件。

（3）实验结束后，整理实验箱及各种工具，老师检查确认后方可离开。

［实验报告要求］

（1）实验名称。

（2）进行本实验的指导思想。

（3）实验目的、实验要求、实验原理、所用仪器设备、实验方案、实施手段、测试方法、工作计划与日程安排、实验步骤、实验记录及数据处理、实验结果分析与讨论、实验结论等。

（4）简述进行该实验的收获，提出改进本实验的意见或措施。

［思考题］

（1）求 $EU2(100℃, 25℃) = ?$ mV；若 $EU2(t_1, 30℃) = 3.14$mV，求 $t_1 = ?$　写出计算过程。

（2）简述二位式控制线路有何特点（优、缺点）。

（3）画出至少两种控温方式的电路图。

参 考 文 献

［1］朱麟章. 试验参量的检测与控制［M］. 北京：机械工业出版社，1987.

实验16 加热炉温度系统校正

[实验目的]

（1）掌握工业热电偶和电子电位差计的校验方法；

（2）学会确定被校电偶和被校电子电位差计的基本误差。

（3）掌握加热炉温度测量系统整体误差的确定方法。

[实验原理及方法]

一、工业热电偶的校验方法

由于长期使用的热电偶被环境污染，热电偶的热特性（即 mV-$t(℃)$ 的对应关系）发生改变，从而影响测量精度，因而必须定期进行校验。热电偶的校验方法很多，工业用热电偶主要用比较法。即把被校电偶与已知误差的标准电偶绑在一起，去测量同一点的温度，将得到的热电势值进行比较，从而求出被校电偶的误差值。

校验装置图如图 7-5 所示。

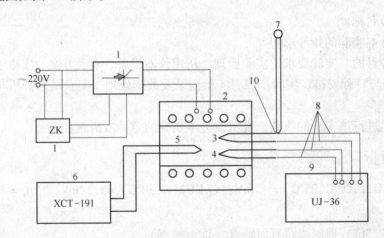

图 7-5　热电偶的校验装置图

1—可控硅调压主回路；2—电炉；3—标准热电偶；4—被校热电偶；5—检测炉温用热电偶；
6—Xct-191 型动圈表；7—水银温度计；8—铜导线；9—UJ-36 型直流电位差计；10—热电偶冷端

二、热电偶基本误差的确定

可以用工业上常用的比较法来确定热电偶的基本误差。测量标准电偶、被校电偶的电势值，分别用 $E_标$ 和 $E_校$ 表示，并记录下来。注意，在读电位差计读数的同时，要记录下热电偶冷端温度值（由水银温度计上读出）。

首先查热电偶分度表，确定各电偶冷端 t_1 的电势值 $E(t_1, t_0)$。根据测量得到的热端为 t，冷端温度为 t_1 的电势值 $E(t, t_1)$，用公式 $E(t, t_0) = E(t, t_1) + E(t_1, t_0)$ 计算出 $E_标(t, t_0)$ 和 $E_校(t, t_0)$ 值。

注意：在计算标准电偶热电势值时，还要对它本身在各校正点的误差进行修正。其中，修正值 = − 误差值。

$$E_{标}(t,t_0) = E_{标}(t,t_1) + E_{标}(t_1,t_0) + E_{修}(t)$$

标准电偶在各点的修正值一般是已知的。然后用公式 $\Delta E = E_{校} - E_{标}$ 计算被校电偶的误差，$E_{校}$ 为被校电偶热端在 t，冷端在 $0℃$ 时的电势值；$E_{标}$ 为标准电偶热端在 t，冷端在 $0℃$ 并修正了该点的误差后的电势值；ΔE 为所求被校电偶在该校正点处的误差。

最后判断该电偶在此校正点是否超差，并求出被校正点处的真实温度（与附录 5 中的允许误差值比较）。

三、电子电位差计的校验方法

长期使用的电子电位差计，由于震动、磨损及其他原因，仪表的误差增大；新出厂的仪表，由于运输等原因，其误差也会发生变化，因此，对旧仪表要定期校正，通常是半年或一年一次，新仪表在使用前也要进行校正。

校验原理为：用直流电位差计作信号源，给电子电位差计输入一标准电势值，使仪表指示在被校正点的刻度线上，由此标准电势值与仪表指示值对应的电势值进行比较，可计算出仪表在此校正点上的指示误差，实验装置图如图 7-6 所示。

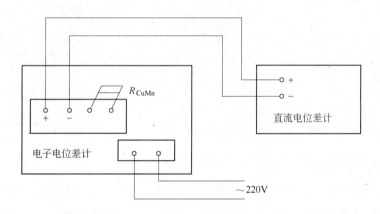

图 7-6 电子电位差计校正装置接线

由于电子电位差计具有冷端温度自动补偿的作用，因此，当输入信号为零时，仪表指示不为零。为了消除由此造成的误差，本实验采用"锰铜电阻法"，即将仪表后面的温度补偿铜电阻换成锰铜电阻，其阻值相当于铜电阻在 $25℃$ 的电阻值，这样就可以不考虑环境温度的变化，计算误差时，只需将仪表指示值减去 $25℃$ 所对应的电势值，再和输入信号相比较即可。

校验方法为：在阻尼、灵敏度、起点、终点调节好以后，才可调节指示误差（本实验所用电子电位差计的阻尼、灵敏度、起点、终点已经调节好）。校正点的选择可以在仪表刻度范围内，每隔 $50℃$ 或 $100℃$ 校正一点，亦可在使用温度左右选择几点进行校正。不论校正哪一点，都是用直流电位差计给被校仪表输入电压信号，首先由小到大，当被校仪表指示指针离被校点 2 ~ 3 个分格处时，需缓慢地改变输入信号，使指针与被校分度重合，此时记下 UJ-37 的实际毫伏值，即可得到各点的"上行"电势值 $E_{上}$，最后一个点校正完后，再以同样的方法由大到小降低输入信号，得到各点"下行"的电势值 $E_下$，最后，按下式分别计算"上行"和"下行"指示误差的相对值：

$$\delta_指 = (E_指 - E_实)/(E_终 - E_始) \times 100\% \tag{7-1}$$

式中　$E_指$——被校表指针所指分度线对应的电势值，mV（查分度表得到）；

　　　$E_实$——对应相应的校正点，直流电位差计上读出的电势值，mV；

　$E_终$，$E_始$——与被校表刻度终端、始端分度线相对应的电势值，mV。

电子电位差计不灵敏区（即变差）的计算：在校正指示误差的基础上，就可以计算变差。即在同一被校分度线，输入的上行电势 $E_上$ 和下行电势 $E_下$ 之差的绝对值，就是电子电位差计的实际指示不灵敏区。

$$\Delta = |E_上 - E_下|$$

或　　　　　$$\Delta_变 = |E_上 - E_下|/(E_终 - E_始) \times 100\%$$

注：对于 0.5 级的仪表，允许变差为 $E_始 \leqslant 0.25\%$。

四、数字温度控制仪表指示误差的确定

用标准直流电位差计（UJ-36、UJ-37）作模拟信号，为温度控制仪输入校正温度点的标准热电势值，校正点的选择可以在仪表刻度范围内，每隔 50℃ 或 100℃ 校正一点，亦可在使用温度左右选择几点进行校正。用直流电位差计给被校仪表输入电压信号，使被校仪表指示被校温度，此时记下 UJ-37 的实际毫伏值，最后，按下式计算指示误差的相对值：

$$\delta_指 = (E_指 - E_实) \times 100\% \tag{7-2}$$

式中　$E_指$——被校温度对应的电势值，mV（查分度表得到）；

　　　$E_实$——对应相应的校正点，直流电位差计上读出的电势值，mV。

五、加热炉温度测量系统整体误差的校验方法

单独校验然后成套使用时，系统积累的误差可能是很大的，为此，工程上多采用成套校验法，以消除系统中固有的误差，从而可使测量准确度大大提高。

所谓成套校验法，就是热电偶、延伸导线、配接导线和二次仪表连接成整套测温系统后，用标准系统对其进行校正，从而使被检系统获得一个统一的误差，在以后使用中，只要保持着该系统的成套性和与校验时相同的外界条件，则这一误差可以保持不变。只要在这一系统中加上一个统一的修正值，便可以得出较准确的测量结果。

成套校验的装置与比较法校验热电偶的装置相似，只是把标准热电偶永远与直流电位差计连接形成标准系统，而被校验系统的热电偶则通过延伸导线与其配套的二次仪表连接。校验时，先从标准系统上读出某校正点的实际值（标准值），然后对照被校验系统的指示值，两者的差值即为被校验系统在该点上的误差，这一误差反映了被校验系统的综合误差。系统中一些环节的误差被互相消除，从而可使整个系统的测量误差减低。

同理，成套校验的准确程度也取决于标准系统的误差及校验过程中产生的一些误差。

用分别经过校正的热电偶和二次仪表组成测温系统时，热电偶及二次仪表在使用中具有互换性，即所有合格的热电偶（误差已知）与所有合格的以该热电偶分度号刻度的二次

仪表可以互相配套使用。这样配套使用的测温系统具有的整体误差（绝对误差）用下式计算：

$$\Delta = \pm \sqrt{\Delta_f^2 + \Delta_c^2 + \Delta_d^2} \tag{7-3}$$

式中　Δ_f——热电偶的绝对误差；

　　　Δ_c——热电偶冷端温度补偿误差；

　　　Δ_d——二次仪表的绝对误差。

例如，当用分度号为 K 的热电偶，配用 1.0 级的 XCT-101 仪表（量程为 1100℃）测量 1000℃时，假定已校验热电偶在该点的误差为 +7.5℃（对应分度表 0.30mV），所用的 XCT-101 仪表在该点的误差为 +11℃（对应分度表 0.44mV），查附录 2 得出 K 型热电偶冷端温度补偿误差为 ±0.16mV，则该套测温系统在该点的整体误差计算为：

已知　　　　　　　　　　　　$\Delta_f = 0.30\text{mV}$

　　　　　　　　　　　　　　$\Delta_c = \pm 0.16\text{mV}$

　　　　　　　　　　　　　　$\Delta_d = 0.44\text{mV}$

则　　　$\Delta = \pm \sqrt{\Delta_f^2 + \Delta_c^2 + \Delta_d^2} = \pm \sqrt{0.30^2 + 0.16^2 + 0.44^2} = \pm 0.556\text{mV}$

查附录 6 中 K 型热电偶分度表相当于 ±14℃。

[实验仪器及材料]

UJ-37 型直流电位差计、UJ-36 型直流电位差计、标准热电偶、电炉、烧杯、水银温度计、转换开关、接线端子排、导线若干等。

[实验内容及步骤]

（1）实验准备：

1）选择一个需要进行温度系统校正的加热炉。

2）认真学习相关的理论知识，查阅一定的科技资料。

3）写出具体方案、实施手段、所用仪器设备、具体校验线路图、测试方法、工作计划与日程安排等。

4）将准备报告交指导教师审阅，经批准后方可进行实验。

（2）实验步骤如下：

1）选择实验所需仪器设备。

2）按照选择的方法，逐步对系统各个部分进行校正。

3）将校正好的元器件及相关仪器接入加热炉温度系统，从而对其进行系统校正。

4）画出校正曲线，将其中一份贴于所校正电阻炉合适位置。

（3）实验总结。写出完整的实验方案和总结报告，绘出系统误差校正曲线。

[实验注意事项]

（1）选择要校验的加热炉需向实验室相关负责老师提出申请。

（2）本实验中所校电子电位差计的阻尼、灵敏度、起点、终点已经调节好，实际工作中要根据情况具体确定校验项目。

［实验报告要求］

（1）实验名称。

（2）进行本实验的指导思想。

（3）实验目的、实验要求、实验原理、所用仪器设备、实验方案、实施手段、测试方法、工作计划与日程安排、实验步骤、实验记录及数据处理、实验结果分析与讨论、实验结论等。

（4）绘制加热炉温度系统误差校正曲线。

（5）简述进行该实验的收获；提出改进本实验的意见或措施。

［思考题］

（1）若在图 7-5 的装置中，将热电偶的冷端均放在冰点槽中使之恒定在 0℃，那么由冰点槽引向 UJ-37 测量仪表的导线应使用延伸导线还是铜导线？为什么？

（2）你所校正的仪表 600℃、800℃、1000℃（EU-2）或 1000℃、1200℃、1400℃（S 型）三个温度点的 $\delta_\text{上}$、$\delta_\text{下}$、$\Delta_\text{变}$ 是否超差？若是超差，请分析原因。

参 考 文 献

[1] 朱麟章. 试验参量的检测与控制［M］. 北京：机械工业出版社，1987.

附录 1

一、被校电偶误差计算举例

以一支二级标准铂铑-铂热电偶，校验一支工业用镍铬-镍铝热电偶。校正点温度 1000℃，计算误差。已知，标准电偶 1000℃时误差为 0.33mV。测量得到，标准电偶电势 $E_\text{标}(t,t_1)$ 三次测量分别为：9.558mV，9.556mV，9.560mV。

被校电偶电势 $E_\text{校}(t,t_1)$ 三次测量分别为：40.58mV，40.59mV，40.57mV。冷端温度 $t_1 = 20℃$。

计算：冷端温度 $t_1 = 20℃$ 时，对应标准电偶，查 LB-3 分度表得电势为 $E_\text{标}(t_1,t_0) = 0.113\text{mV}$，对应被校电偶，查 EU-2 分度表得电势为 $E_\text{校}(t_1,t_0) = 0.8\text{mV}$。因此标准电偶电势为 $E_\text{标}(t,t_0) = 0.113 + (9.558 + 9.556 + 9.560)/3 = 9.671\text{mV}$。

考虑误差为 0.033mV，修正为：$E_\text{标}(t,t_0) = 9.671 + (-0.033) = 9.638\text{mV}$。

再查 S 型电偶分度表，$E_\text{标}(t,t_0)$ 对应的温度为 1007℃。

再查 K 型电偶分度表，1007℃对应的电势为 41.54mV，此为被校电偶的标准分度值。

被校电偶的实测电势值为：$E_\text{校}(t,t_0) = 0.80 + (40.58 + 40.59 + 40.57)/3 = 41.38\text{mV}$。

其绝对误差为：$\Delta E = E_\text{校} - E_\text{标} = 41.38 - 41.54 = -0.16\text{mV}$。

相对误差为：$r_x = (-0.16/41.8) \times 100\% = -0.39\%$。

修正值为：$+4℃$。

二、被校正仪表的误差计算举例

被校正的仪表是配 K 型热电偶的 XWB 型电位差计。量程为 $0 \sim 1100℃$，精度为 0.5 级，被校正点为 $1000℃$，校正时在升温方向，电位差计读数为 40.33mV（$E_{上}$），降温方向为 40.30mV（$E_{下}$）。

$1000℃$ 对应的理论电势值 $E_{指} = 40.27\text{mV}$。

为使仪表指 0 点，应输入 -1mV（$E_{始}$）。

为使仪表指终点 $1100℃$，应输入 $45.10 - 1.00 = 44.10\text{mV}$（$E_{终}$）。

则其误差为：

升温方向 $\delta_{上} = \{(40.27 - 40.33)/[44.10 - (-1)]\} \times 100\% = -0.13\%$

降温方向 $\delta_{下} = \{(40.27 - 40.30)/[44.10 - (-1)]\} \times 100\% = -0.06\%$

由于仪表为 0.5 级，允许误差为 $\pm 0.5\%$，可见，在 $1000℃$ 时仪表升温方向和降温方向都是合格的，不超差。变差为：

$$\Delta_{变} = \{(40.33 - 40.30)/[44.10 - (-1)]\} \times 100\% = 0.06\%$$

因为允许变差为 0.25%，故变差也不超差。

附录 2

热电偶冷端温度补偿误差见附表 7-1。

附表 7-1　热电偶冷端温度补偿误差

热电偶	温度补偿范围/℃	补偿误差/mV
铂铑$_{10}$-铂	$0 \sim 50$	± 0.045
镍铬-镍硅（铝）	$0 \sim 50$	± 0.16
镍铬-康铜	$0 \sim 50$	± 0.18

附录 3

炉温仪表选用的一般原则

炉温仪表在满足热工工艺的要求，提高产品质量，降低生产成本和减轻劳动强度等方面，起着十分重要的作用。因此，合理选用仪表是不可忽视的。炉温仪表选用时所必须考虑的因素很多，但主要有以下几个方面：

（1）热工工艺的要求。选择炉温仪表时，首先必须了解特定的工艺对测温与控温的具体要求。其中包括被处理工件的材质、热处理类型、加热温度以及工件的热处理时间和各项性能指标对温度的敏感程度（即处理温度偏离允许范围时对工件的金相组织及其力学、物理性能指标影响的大小）等因素，确定出热处理工艺温度的允许波动范围，以便为仪表的测量和控制精度的选择提供最基本的数据。显然，热处理工艺要求越高，对仪表的效能和精度的要求也就越高。

（2）自动化程度。为了提高产品质量及其均一性，热处理生产过程应尽可能地实现自动控制和连续调节。如以自动调节代替手动调节，以指示调节式仪表代替单纯的指示式仪表，以指示记录调节式取代单纯的指示调节式仪表等，不仅有利于稳定质量，同时也有利于减轻劳动强度，便于检查分析各个工艺环节出现的问题并加以适当处理。

（3）测温仪表的量程。一般来说，用一特定量程的仪表来测量和控制热处理温度规范悬殊的数种热处理炉是不合理的。例如它在高温炉中使用时比较合适，但当其用于低温炉时就可能会使测量和调节精度偏离工艺允许的范围，并给仪表的读数带来很大的不便。这就需要选择恰当量程的仪表。最好是一种温度规范的热处理炉使用一台相应量程的仪表，比较合理的选择是常用的温度尽量接近仪表量程的上限，这就相应地提高了仪表测量的精确度。用最大可能相对误差的概念即可很好地给出选择仪表量程与常用温度之间的关系为：

$$r_{xm} = r_0 \times \frac{A_H}{z} \times 100\% \tag{7-4}$$

式中，r_0 是仪表的基本误差，即仪表的精度；A_H 为仪表量程；z 为测量值。从最大可能相对误差 r_{xm} 的表达式中可见，当 z 接近于 A_H 时，r_{xm} 最小。

（4）仪表的工作环境。热处理车间作为机械制造厂的一个组成部分，其周围难免会存在一些震动源，这对测温仪表的控温稳定性是非常有害的。像动圈式仪表，由于指示指针与张丝相连，对震动的反应十分敏感，当受到突然性强烈震动时，指示指针可能迅速摆向满刻度，使指针上的小铝旗进入振荡线圈而将加热电源切断。如果外界震动是周期性的，则会使加热电源处于反复不断的通断状态，这既降低了仪表的控温准确性，也容易使仪表过早损坏。对此，在仪表的选择上应尽量采用抗震性能较好的仪表，如数字式仪表。

（5）仪表的成本。在保证热处理质量的前提下，应尽量选用结构简单、价格低廉和稳定可靠的仪表。不问成本，在超出工艺要求范围外去片面追求高级的仪表是错误的。有些大型的、分段控温的热处理炉，应尽可能采用多点测温仪表，这在设备成本和集中控制上都是合算的。

（6）管理和维护。热处理车间通常是使用温度仪表较多的车间，为使管理维护方便起见，温度仪表的类型不宜选择太多，因为这对仪表的互换性、减少仪表的备件以及仪表的管理和维护都是没有好处的。

当然，要使某一温度仪表统兼各种优越的性能是苛刻的，往往是难以办到的。在实际生产中，我们只能从保证产品质量这一主要前提出发，同时适当兼顾其他因素，选用最合乎需要的仪表。

附录4

一、温度传感器种类和型号选择注意事项

传感器的种类和型号很多，比较常用的为热电偶、热电阻温度传感器。热电偶温度传

感器常用的又分为 S、R、B、K、N、T、E、J 型，热电阻温度传感器常用的又分为 Pt100、Pt10、Cu50、Cu100 型，对于模拟温度仪表，一般来讲，表与温度传感器是一一对应的，因此在选用仪表时一定要弄清所配的是何种传感器，如果所用的仪表与所配的温度传感器不一致，则仪表不能正常工作。对于智能型（内部有微型处理器）温度仪表，由于其功能主要由程序来实现，一般来讲可以做到一表多用，通过键盘设定，可配不同种类和型号的温度传感器。

二、仪表使用及接线注意事项

对于热电阻温度传感器，其与仪表的连接方式有三线制和两线制，由于两线制连接方式的引线电阻是输入电阻的一部分，无法消除，因此测温的准确度受到影响，引线越长影响越大。在测温准确度要求较高的场合，一般采取三线制连接方式，该种连接方式由于能消除引线电阻，因此被广泛使用，但要注意引线与仪表相连的三根线的接法。对于测量温度较高的场合（大于 400℃），一般仪表所配的温度传感器为热电偶，但热电偶温度传感器测量的准确度不如热电阻。需要注意的是热电偶一定要接延伸导线，其型号也一定要与所配的温度传感器相一致。对于所配传感器为热电偶的温度仪表，要注意温度补偿器，温度补偿方式分为内补偿和外补偿，补偿电路也有多种，使用时要注意。

附录 5

热电偶的测温范围与允差见附表 7-2。

附表 7-2　热电偶的测温范围与允差

名　　称	分度号	测量范围/℃	等级	使用温度/℃	允许误差
铂铑$_{10}$-铂	S	0 ~ 1600	I	0 ~ 1100 1100 ~ 1600	±1℃ $\pm[1+(t-1100)0.003]$℃
			II	0 ~ 600 600 ~ 1600	±1.5℃ ±0.25% t
铂铑$_{30}$-铂铑$_6$	B	0 ~ 1800	II	600 ~ 1700	±0.25% t
			III	600 ~ 800 800 ~ 1700	±4℃ ±0.5% t
镍铬-镍硅 镍铬-镍铝	K	0 ~ 1300	I	0 ~ 400 400 ~ 1100	±1.6℃ ±0.4% t
			II	0 ~ 400 400 ~ 1300	±3℃ ±0.75% t
铜-康铜	T	−200 ~ 400	I	−40 ~ 350	±0.5℃或±0.4% t
			II	−40 ~ 350	±1℃或±0.75% t
			III	−200 ~ 40	±1℃或±1.5% t

续附表 7-2

名　称	分度号	测量范围/℃	等级	使用温度/℃	允许误差
镍铬-康铜	E	-200~900	I	-40~800	±1.5℃或±0.4%t
			II	-40~900	±2.5℃或±0.75%t
			III	-200~40	±2.5℃或±1.5%t
铁-康铜	J	-40~750	I	-40~750	±1.5℃或±0.4%t
			II	-40~750	±2.5℃或±0.75%t
铂铑$_{13}$-铂	R	0~1600	I	0~1600	±1℃或 ±$[1+(t-1100)0.003]$℃
			II	0~1600	±1.5℃或±0.25%t
镍铬-金铁	NiCr/AuFe$_{0.07}$	-270~0	I	-270~0	±0.5℃
			II	-270~0	±1℃
钨铼$_5$-钨铼$_{20}$	WRe$_5$/WRe$_{20}$	0~1800		0~1800	$[0.08+4.0\times10^{-5}(t-1000)]$mV
铱铑$_{50}$-铱	IrRh$_{50}$/Ir	0~2100		0~2100	

附录 6

铂铑$_{10}$-铂热电偶（S型）分度表见附表7-3。

附表 7-3　铂铑$_{10}$-铂热电偶（S型）分度表

温度/℃	0	10	20	30	40	50	60	70	80	90
	热电动势/mV									
0	0.000	0.055	0.113	0.173	0.235	0.299	0.365	0.432	0.502	0.573
100	0.645	0.719	0.795	0.872	0.950	1.029	1.109	1.190	1.273	1.356
200	1.440	1.525	1.611	1.698	1.785	1.873	1.962	2.051	2.141	2.232
300	2.323	2.414	2.506	2.599	2.692	2.786	2.880	2.974	3.069	3.164
400	3.260	3.356	3.452	3.549	3.645	3.743	3.840	3.938	4.036	4.135
500	4.234	4.333	4.432	4.532	4.632	4.732	4.832	4.933	5.034	5.136
600	5.237	5.339	5.442	5.544	5.648	5.751	5.855	5.960	6.065	6.169
700	6.274	6.380	6.486	6.592	6.699	6.805	6.913	7.020	7.128	7.236
800	7.345	7.454	7.563	7.672	7.782	7.892	8.003	8.114	8.255	8.336
900	8.448	8.560	8.673	8.786	8.899	9.012	9.126	9.240	9.355	9.470
1000	9.585	9.700	9.816	9.932	10.048	10.165	10.282	10.400	10.517	10.635
1100	10.754	10.872	10.991	11.110	11.229	11.348	11.467	11.587	11.707	11.827
1200	11.947	12.067	12.188	12.308	12.429	12.550	12.671	12.792	12.912	13.034
1300	13.155	13.397	13.397	13.519	13.640	13.761	13.883	14.004	14.125	14.247
1400	14.368	14.610	14.610	14.731	14.852	14.973	15.094	15.215	15.336	15.456
1500	15.576	15.697	15.817	15.937	16.057	16.176	16.296	16.415	16.534	16.653
1600	16.771	16.890	17.008	17.125	17.243	17.360	17.477	17.594	17.711	17.826
1700	17.942	18.056	18.170	18.282	18.394	18.504	18.612	—	—	—

镍铬-康铜热电偶（E 型）分度表见附表 7-4。

附表 7-4　镍铬-康铜热电偶（E 型）分度表

温度/℃	0	10	20	30	40	50	60	70	80	90
	热电动势/mV									
0	0.000	0.591	1.192	1.801	2.419	3.047	3.683	4.329	4.983	5.646
100	6.317	6.996	7.683	8.377	9.078	9.787	10.501	11.222	11.949	12.681
200	13.419	14.161	14.909	15.661	16.417	17.178	17.942	18.710	19.481	20.256
300	21.033	21.814	22.597	23.383	24.171	24.961	25.754	26.549	27.345	28.143
400	28.943	29.744	30.546	31.350	32.155	32.960	33.767	34.574	35.382	36.190
500	36.999	37.808	38.617	39.426	40.236	41.045	41.853	42.662	43.470	44.278
600	45.085	45.891	46.697	47.502	48.306	49.109	49.911	50.713	51.513	52.312
700	53.110	53.907	54.703	55.498	56.291	57.083	57.873	58.663	59.451	60.237
800	61.022	61.806	62.588	63.368	64.147	64.924	65.700	66.473	67.245	68.015
900	68.783	69.549	70.313	71.075	71.835	72.593	73.350	74.104	74.857	75.608
1000	76.358	—	—	—	—	—	—	—	—	—

铂铑₃₀-铂铑₆热电偶（B 型）分度表见附表 7-5。

附表 7-5　铂铑₃₀-铂铑₆热电偶（B 型）分度表

温度/℃	0	10	20	30	40	50	60	70	80	90
	热电动势/mV									
0	−0.000	−0.002	−0.003	0.002	0.000	0.002	0.006	0.11	0.017	0.025
100	0.033	0.043	0.053	0.065	0.078	0.092	0.107	0.123	0.140	0.159
200	0.178	0.199	0.220	0.243	0.266	0.291	0.317	0.344	0.372	0.401
300	0.431	0.462	0.494	0.527	0.516	0.596	0.632	0.669	0.707	0.746
400	0.786	0.827	0.870	0.913	0.957	1.002	1.048	1.095	1.143	1.192
500	1.241	1.292	1.344	1.397	1.450	1.505	1.560	1.617	1.674	1.732
600	1.791	1.851	1.912	1.974	2.036	2.100	2.164	2.230	2.296	2.363
700	2.430	2.499	2.569	2.639	2.710	2.782	2.855	2.928	3.003	3.078
800	3.154	3.231	3.308	3.387	3.466	3.546	2.626	3.708	3.790	3.873
900	3.957	4.041	4.126	4.212	4.298	4.386	4.474	4.562	4.652	4.742
1000	4.833	4.924	5.016	5.109	5.202	5.2997	5.391	5.487	5.583	5.680
1100	5.777	5.875	5.973	6.073	6.172	6.273	6.374	6.475	6.577	6.680
1200	6.783	6.887	6.991	7.096	7.202	7.038	7.414	7.521	7.628	7.736
1300	7.845	7.953	8.063	8.172	8.283	8.393	8.504	8.616	8.727	8.839
1400	8.952	9.065	9.178	9.291	9.405	9.519	9.634	9.748	9.863	9.979
1500	10.094	10.210	10.325	10.441	10.588	10.674	10.790	10.907	11.024	11.141
1600	11.257	11.374	11.491	11.608	11.725	11.842	11.959	12.076	12.193	12.310
1700	12.426	12.543	12.659	12.776	12.892	13.008	13.124	13.239	13.354	13.470
1800	13.585	13.699	13.814	—	—	—	—	—	—	—

铜-康铜（铜镍）热电偶（T型）分度表见附表7-6。

附表7-6　铜-康铜（铜镍）热电偶（T型）分度表

温度/℃	0	10	20	30	40	50	60	70	80	90
	热电动势/mV									
-200	-5.603	—	—	—	—	—	—	—	—	—
-100	-3.378	-3.378	-3.923	-4.177	-4.419	-4.648	-4.865	-5.069	-5.261	-5.439
0	0.000	0.383	-0.757	-1.121	-1.475	-1.819	-2.152	-2.475	-2.788	-3.089
0	0.000	0.391	0.789	1.196	1.611	2.035	2.467	2.980	3.357	3.813
100	4.277	4.749	5.227	5.712	6.204	6.702	7.207	7.718	8.235	8.757
200	9.268	9.820	10.360	10.905	11.456	12.011	12.572	13.137	13.707	14.281
300	14.860	15.443	16.030	16.621	17.217	17.816	18.420	19.027	19.638	20.252
400	20.869	—	—	—	—	—	—	—	—	—

镍铬-镍硅／镍铬-镍铝热电偶（K型）分度表见附表7-7。

附表7-7　镍铬-镍硅／镍铬-镍铝热电偶（K型）分度表

温度/℃	0	10	20	30	40	50	60	70	80	90
	热电动势/mV									
0	0.000	0.397	0.798	1.203	1.611	2.022	2.436	2.850	3.266	3.681
100	4.095	4.508	4.919	5.327	5.733	6.137	6.539	6.939	7.338	7.737
200	8.137	8.537	8.938	9.341	9.745	10.151	10.560	10.969	11.381	11.793
300	12.207	12.623	13.039	13.456	13.874	14.292	14.712	15.132	15.552	15.974
400	16.395	16.818	17.241	17.664	18.088	18.513	18.938	19.363	19.788	20.214
500	20.640	21.066	21.493	21.919	22.346	22.772	23.198	23.624	24.050	24.476
600	24.902	25.327	25.751	26.176	26.599	27.022	27.445	27.867	28.288	28.709
700	29.128	29.547	29.965	30.383	30.799	31.214	31.214	32.042	32.455	32.866
800	33.277	33.686	34.095	34.502	34.909	35.314	35.718	36.121	36.524	36.925
900	37.325	37.724	38.122	38.915	38.915	39.310	39.703	40.096	40.488	40.879
1000	41.269	41.657	42.045	42.432	42.817	43.202	43.585	43.968	44.349	44.729
1100	45.108	45.486	45.863	46.238	46.612	46.985	47.356	47.726	48.095	48.462
1200	48.828	49.192	49.555	49.916	50.276	50.633	50.990	51.344	51.697	52.049
1300	52.398	52.747	53.093	53.439	53.782	54.125	54.466	54.807	—	—

铁-康铜（铜镍）热电偶（J型）分度表见附表7-8。

附表7-8　铁-康铜（铜镍）热电偶（J型）分度表

温度/℃	0	10	20	30	40	50	60	70	80	90
	热电动势/mV									
0	0.000	0.507	1.019	1.536	2.058	2.585	3.115	3.649	4.186	4.725
100	5.268	5.812	6.359	6.907	7.457	8.008	8.560	9.113	9.667	10.222

温度/℃	0	10	20	30	40	50	60	70	80	90
	热电动势/mV									
200	10.777	11.332	11.887	12.442	12.998	13.553	14.108	14.633	15.217	15.771
300	16.325	16.879	17.432	17.984	18.537	19.089	19.640	20.192	20.743	21.295
400	21.846	22.397	22.949	23.501	24.054	24.607	25.161	25.716	26.272	26.829
500	27.388	27.949	28.511	29.075	29.642	30.210	30.782	31.356	31.933	32.513
600	33.096	33.683	34.273	34.867	35.464	36.066	36.671	37.280	37.893	38.510
700	39.130	39.754	40.382	41.013	41.647	42.288	42.922	43.563	44.207	44.852
800	45.498	46.144	46.790	47.434	48.076	48.716	49.354	49.989	50.621	51.249
900	51.875	52.496	53.115	53.729	54.341	54.948	55.553	56.155	56.753	57.349
1000	57.942	58.533	59.121	59.708	60.293	60.876	61.459	62.039	62.619	63.199
1100	63.777	64.355	64.933	65.510	66.087	66.664	67.240	67.815	68.390	68.964
1200	69.536	—	—	—	—	—	—	—	—	—

实验 17　砂轮磨削性能检测

砂轮的磨削性能主要体现在磨削效率、砂轮的耐用度以及工件表面的完整性（振痕、烧伤、裂纹和表面残留应力）等。影响砂轮磨削性能的因素主要是砂轮的选择（磨料的选择、结合剂的选择、砂轮的硬度、组织号等）；磨削参数的选择（砂轮线速度、工件转速、切入深度等）；砂轮修整用量以及磨削液的选择等。本实验是在砂轮确定的情况下变化磨削参数检测砂轮的磨削性能。主要解决测试手段的问题，学会一般的测试方法。

［实验目的］

（1）用正交实验的方法确定输入参数与磨削力之间的定量关系。
（2）比较不同的切入深度对磨削温度的影响。
（3）实测已确定的砂轮与材料的磨削比。

［实验原理］

（1）在外圆磨床上以测力顶尖为弹性元件，以电阻应变片为转换器，利用电阻应变的应变效应将力转换成电量来测量，然后对测力顶尖定标求出磨削力。

测力顶尖是用普通磨床尾架顶尖制成的。在顶尖的颈部加工出四个互为 90° 的对称平面，用 502 胶水将电阻应变片贴在顶尖的平面上，见图 7-7，贴好后用蜡封涂，应变片与顶尖的绝缘阻值应在 20MΩ 以上，然后按图 7-8 接成桥路，电桥的平衡条件为：$R_1 R_3 = R_2 R_4$。磨削时在磨削力的作用下，顶尖弹性变形，应变片也随之变形，由于电阻应变片的应变效应，电桥的输出端即有电讯号输出，讯号经 Y6D-3A 应变仪放大后，由 Sc16 示波器记录下来。对测力顶尖定标后，就可以求出磨削力。

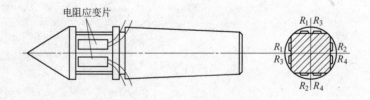

图 7-7　电阻应变片粘贴示意图

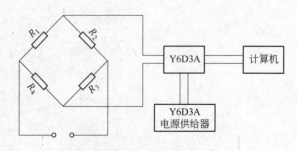

图 7-8　电阻应变片接线示意图

对测力顶尖定标是为了找出磨削力与电量之间的换算关系，如图 7-9 所示，在机床工作台上安放一个定标装置，在定标装置上沿砂轮进给的法向力作用线上放置一个叉形测力计，见图 7-10，转动机床的进给手轮，砂轮架对工作的挤压力（F_n）通过测力计可直接读出。在定标装置的杠杆上有一个螺钉，垂直向下对工件加力，在杠杆的另一端加砝码，可知对工件加力的大小。对工件两个方向（F_n、F_t）每加一次力（每次加力大小一样），通过仪器把力转换的电讯号记录下来，经过回归计算就可以找出力与电量之间的换算关系。

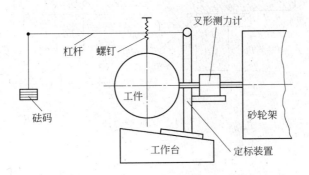

图 7-9　定标示意图

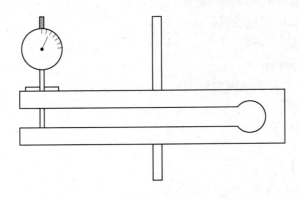

图 7-10　叉形测力计

（2）把康铜丝与工件组成半人工热电偶，磨削时回路中产生热电势。磨削温度的测量就是利用这个原理和借助专门设计的测温装置进行的。测温装置的构造如图 7-11 所示。

将康铜丝用塑料薄膜夹在试件与试块之间，使之与工件及试块绝缘并固定好，在磨削过程中康铜丝搭在试件上形成铁-康铜热电偶，将康铜丝和试块分别用导线接到集流盘上，热电偶产生的热电势通过电刷输送到放大器，经放大后再传到示波器。由示波器记录波形高度的大小，显示磨削温度的高低（通过定标可以确定磨削温度，在本试验中不进行定标）。变换切入深度进行磨削，测量各次的波形高度值，进行比较，则可得出不同磨削条件下的磨削温度变化规律。

（3）磨削比的定义是单位时间磨除工件的体积与单位时间砂轮损耗的体积之比，它既表示砂轮对被磨材料的磨削性能，又表示被磨材料的可磨性。

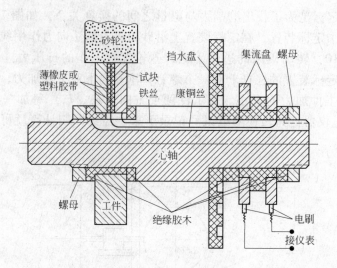

图 7-11　叉形测力计

[实验设备]

（1）Y7520W 万能螺纹磨床；

（2）MMB1312 精密半自动外圆磨床；

（3）Y6D-3A 动态电阻应变仪；

（4）Sc16 光线记录示波器；

（5）Gz2 六线测振仪；

（6）外圆磨削测力装置（测力顶尖）；

（7）测力定标装置；

（8）外圆磨削测温装置；

（9）间接量具；

（10）砂轮；

（11）工件；

（12）千分尺；

（13）百分表。

[实验步骤]

认真阅读实验指导书，了解测力顶尖的测力原理，了解外圆磨削测温原理以及磨削比的定义。

（1）磨削力的测试：

1）选择磨削参数，制定试验计划。

2）调试仪器设备。

3）对测力顶尖进行定标；测取定标数据。

4）修整砂轮，安装试件，进行磨削，此时仪器应与定标时所处状态相同。

5）按 $L_3（3^4）$ 正交表进行实验，测取试验数据。

6）数据处理。

7）整理实验报告。

（2）磨削温度的测试：

1）了解测温装置的构造及热电偶的安装方法。

2）记录实验条件。

3）修整砂轮，安装试件，检查调整好测试仪器。

4）进行磨削。

5）记录实验所得的数据。整理实验报告。

（3）磨削比的测试：

1）将砂轮修整成如图 7-12 所示的形状。

2）用间接量具复制砂轮外圆表面台阶的高度情况，并用千分尺测量出砂轮台阶的高度。

3）装夹工作，量取工件外径尺寸及长度。

4）进行往复磨削。

5）再次用间接量具复制砂轮外圆表面台阶的高度情况，并用千分尺测量出砂轮台阶的高度（磨削前后砂轮台阶高度的差值 Δ 即为砂轮半径方向上的磨耗量）。

6）再次量取工件外径尺寸。

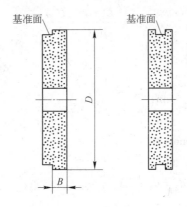

图 7-12 砂轮修整示意图

［数据处理］

一、磨削力的测试

（1）根据标定数据分别计算出法向力和切向力的线性回归方程：

$$y = a + bx$$

式中　x——力值；

y——示波器光点偏移量。

将方程做一变换：

$$y = \frac{x - a}{b} \tag{7-5}$$

式中 y——力值；

$\quad\quad$ x——示波器光点偏移量。

（2）将试验数据分别依次代入法向力和切向力的式（7-5），求出与正交表相对应的磨削力。

（3）正交计算，方差分析。

（4）多元回归计算，分别求出法向力和切向力的经验公式：$F = KV^{\alpha} v^{\beta} t^{\gamma}$

二、磨削温度的测试

根据所测数据求出下式：

$$\theta = Kt^{\alpha}$$

式中 θ——磨削温度；

$\quad\quad$ t——切入深度。

三、磨削比的测试

将测量结果代入下式，可计算出磨削比：

$$G = \frac{L(D_1^2 - D_2^2)}{B(d_1^2 - d_2^2)} \tag{7-6}$$

式中 G——磨削比；

$\quad\quad$ L——工件长度，mm；

$\quad\quad$ D_1——工件磨削前直径，mm；

$\quad\quad$ D_2——工件磨削后直径，mm；

$\quad\quad$ B——砂轮工作宽度，mm；

$\quad\quad$ d_1——砂轮磨削前直径，mm；

$\quad\quad$ d_2——砂轮磨削后直径 $d_2 = d_1 - 2\Delta$，mm。

［注意事项］

（1）磨削力测试时的仪器状态应与测力顶尖标定时的状态一致。

（2）测磨削比之前，应先将试件磨圆，并消除锥度。

［思考题］

（1）用间接量具复制砂轮外圆表面台阶时，砂轮产生的磨耗可以忽略不计吗？

（2）砂轮的损耗分为几个阶段？磨削比的测试应在哪一段进行？

第八章

综合设计创新实验

实验18 静压触媒法合成金刚石

[实验目的]

（1）了解静压触媒法合成金刚石常用的几种原材料。

（2）了解静压触媒法合成金刚石常用的组装方式。

（3）掌握静压触媒法合成金刚石的工艺。

（4）掌握静压触媒法合成金刚石的提纯、分选、检验方法。

[静态高温高压触媒法合成金刚石的原理]

在金刚石热力学稳定的条件下，在恒定的高温高压和触媒参与的条件下合成金刚石的原理为：以石墨为原料，以过渡金属合金做触媒，用液压机产生恒定高压，以电流通过石墨产生持续高温，使石墨转化成金刚石。转化条件一般为 $5 \sim 7$ GPa，$1300 \sim 1700$℃。

静压触媒法合成金刚石的工艺程序大致分为三个阶段：

（1）原材料准备（石墨、触媒、叶蜡石的选择、加工与组装）。

（2）高温高压合成（P、T、t 参数，控制方法与设备）。

（3）提纯分选与检验（原理、方法、标准、仪器）。

[原材料]

一、石墨

1. 天然石墨

根据其结晶形态不同，天然石墨可分为显晶石墨和隐晶石墨。

（1）显晶石墨，是天然石墨的一种，主要产于吉林、河南灵宝。主要用于粉末法生长细颗粒金刚石。转化率高，晶形好。

（2）隐晶石墨，晶体尺寸小，平均尺寸在 $0.01 \sim 0.1 \mu m$，合成金刚石时其转化率低。

2. 人造石墨

以沥青焦、石油焦和天然鳞片石墨为原料，经过煅烧、破碎、去氢、缩聚、石墨化、净化等工序处理，再经过掏料、车加工、磨加工，机械加工成所需的规格尺寸。

为了获得质量好，产量高的金刚石产品，对采用的石墨材料需进行选择。不同的研究者和用户提出了不同的选择原则。按照不破键的结构转化观点，要求石墨结晶完整，晶粒大，纯度高。按照有溶解扩散过程的重键性观点，对晶粒大小没有要求，石墨化度也不要求越高越好，而是要求适当高。从催化角度出发，要求有害杂质尽可能少，有益杂质可适当存在。归纳起来有以下几条：

（1）较高的石墨化度（90%左右），石墨化度是指无定形碳接近理想石墨的程度。

（2）有适宜的气孔率（20%左右），且气孔分布均匀，有较高的密度。

（3）有害杂质尽可能少。

实际生产中，生产高强度金刚石，要求生长速度慢，采用石墨化度不很高的细石墨较合适，而欲获得较高产量时，采用石墨化度高的石墨为好。

合成粗颗粒金刚石，宜选用较粗颗粒的石墨。

二、触媒材料

1. 触媒材料的种类

（1）单元元素，指元素周期表第Ⅷ族元素及邻近元素，如 Fe、Co、Ni、Mn、Ru、Pd、Cr 等。

（2）由上述元素构成的二元或多元合金，如 Ni-Cr，Ni-Fe，Ni-Mn，Ni-Co，Ni-Mn-Co，Ni-Cr-Fe 等。

（3）协同触媒或组合触媒，由两种单独不起触媒作用的金属元素组合起来，如 Cu-Ti 等。

目前，国内普通使用的是 FeNi 合金。

2. 触媒材料的选择原则

（1）结构对应原则：金属或合金具有面心立方结构，点阵常数等于或接近金刚石的点阵常数，即 0.251nm。

（2）定向成键原则：金属或合金具有 d 电子空轨道，缺电子越多，成键能力越强。

（3）低熔点原则。

（4）合金组织单一原则：在合成过程中，合金组织要稳定，以不发生相变为好。

三、叶蜡石

1. 叶蜡石的特性

在金刚石的合成过程中，作为包裹试样的容器材料，叶蜡石具有良好的传压性、密封性、绝缘性、耐热保温性及良好的可加工性能。叶蜡石是一种天然的矿物，含水硅铝酸盐，分子式为 $Al_2O_3 \cdot 4SiO_2 \cdot H_2O$。它具有包含硅氧四面体的复杂的层状结构，层间易滑移。天然叶蜡石的矿物组成是不均匀的，产地不同，矿体不同，则矿物组成各不相同，性能差别较大。叶蜡石经过加压和烧成后，力学性质发生改变，在 500℃ 以上开始脱水，950℃ 完全脱水。在高温高压下，叶蜡石变为柯石英和蓝晶石，此相的出现伴随着体积的收缩，造成合成腔体的压力下降。在常压常温下，叶蜡石的电阻率 $\rho = 10^6 \sim 10^7 \Omega \cdot cm$，随着温度、压力升高，电阻率下降，在合成条件下，电阻率均为 $100\Omega \cdot cm$，仍基本满足绝缘要求。叶蜡石的热导率很低，且随温度、压力改变不大，因此能很好地起绝热作用。

2. 叶蜡石块制造工艺流程

叶蜡石块制造工艺流程如图8-1所示。

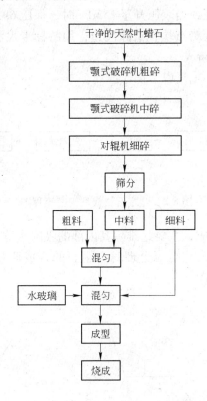

图8-1　叶蜡石块制造工艺流程图

（1）原材料及要求：

叶蜡石粉：粗粉12~16号，中粉18~60号，细粉80号以细；

水玻璃：密度1.40~1.42g/cm^3，模数2.45~2.95，水分低于5.7%，游离SiO$_2$含量不大于1.5%。

（2）设备：单柱校正压装液压机，Y41-25B公称压力250kN。

（3）单重：$W = d \times V$。

（4）叶蜡石块制造。

混料：依照配方要求，先称取一定质量的粗料、中料，倒入S型混料机内搅拌5min，之后用量筒量取定量的水玻璃，缓慢均匀地倒入料中（混料机不停），混15min，加入一定量的细料，再混5min。

将混好的料移出混料机，全部过8号筛，筛下物装入盛料桶里，筛上物倒入废料桶内。

（5）成型。操作者依以下步骤进行，如图8-2所示：

1）校正天平，感量0.1g，最大称量500g。

2）清理模具，依照工艺要求组装好模具。

3）把称量好的成型料倒入模具内，摊平料，小心地装入上压头，并轻轻敲打压头，使上压头内孔进入芯棒。

4）把模具放入压机上，启动压机，脚踏操纵板，操作者观察表压，当表压升到终压的三分之一时，卸压。

5）取出垫铁，重新加压，当表压升至15MPa时，保压6s，卸压。

6）卸模，小心地取出叶蜡石块，清除飞边，用游标卡尺测量尺寸，合格者放入干燥板上。尺寸超差者需破碎重新成型。

7）清理模具，组装好，重复以上操作。

图8-2　叶蜡石块成型工艺流程图

（6）烧成。叶蜡石的烧成，主要是排除其内部的吸附水分，随着季节的变化，烧成温度和保温时间亦不同，烧成工艺是否合理对金刚石的合成质量影响较大。烧结曲线如图8-3所示。

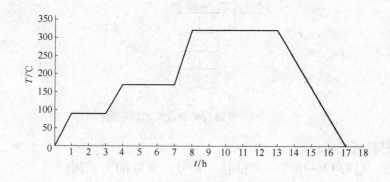

图8-3　叶蜡石块的烧结曲线

烧成装块时，每层块孔孔相对，每排之间留一间隙，层与层之间相隔10mm。

四、其他材料

实验中还需要导电钢碗、导电片、Ti片等辅助材料。

五、组装

1. 组装方式

人造金刚石合成块是由叶蜡石块、触媒合金粉和石墨粉预压柱、导电钢圈等组成的。组装的方式如图8-4所示。石墨粉与触媒粉依照一定的比例混合，制成一定尺寸、一定密度的预压棒，然后组装于叶蜡石块的孔中，如图8-4所示。

2. 组装质量要求和方法

（1）清扫组装工作台面，同时双手亦要洗干净并擦干。

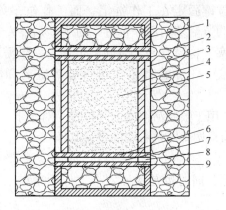

图 8-4　金刚石合成粉末法组装图

1—导电钢碗；2—叶蜡石块；3—白云石管；4—金属管；5—石墨粉柱；

6，9—导电片；7—石墨片；8—叶蜡石环

（2）将烧好的叶蜡石块孔内黏附的叶蜡石粉末用布或试管刷刷干净，且要求叶蜡石块不掉边，不掉角，否则不能用。

（3）导电钢圈内叶蜡石充填饱满，两端面金属平整无毛刺，表面无粘着的叶蜡石，无锈蚀，无变形，尺寸符合要求。

（4）石墨柱完整，无残缺。

（5）组装好的块应放入干燥箱内，温度与时间依合成工艺要求而定。

［合成设备］

目前，国内外用于静压触媒法合成金刚石的超高压设备种类较多，而我国所采用的主要是六面顶液压机，本实验主要使用 6×25000 型六面顶液压机。它主要由主机、超高压泵、液压传动装置、控制台和加热装置等几部分组成。

一、压机组成

1. 主机

本机有 6 个工作缸，分别安装在 6 个铰链梁上，6 个铰链梁通过 12 根销杆铰接而成，安装在机座上，工作缸及活塞的直径为 $\phi560\text{mm}$。主机铰链梁为合金钢整体铸造件，工作岗位采用"兜底支撑"与"法兰支撑"双支撑结构。当各工作缸通入 104MPa 超高压压力油时，分别产生 25000kN 工作压力，并通过活塞、垫块及顶锤传递到正六面体工件上。六组工作缸分别安装在铰链梁上，其中上、右、前三缸活塞具有空行程，敞开工作腔以便于装卸工件，而下、后、左三缸活塞停止在工作行程的起始位置，由安装在这三个活塞端部的顶锤组成安放叶蜡石块的定位基准。当上、右、前三活塞在空行程终点时，六个顶锤即形成一个正立方体空腔，进行加压及电加热装置通电加热，使叶蜡石流向顶锤邻面的缝隙中形成密封边，使正立方体空腔形成合成高压压力腔。

工作缸中超高压工作腔采用两道带有双向保护环的"O"形密封；高压回程腔采用两种规格的 O 型密封圈进行密封。为了防止活塞在缸中转动，在活塞上镶嵌导向键，并

通过导向套、法兰盘、定位键固定在工作缸上，而工作缸最终通过压圈固定在铰链梁上。活塞外端的螺母用于调节活塞的回程位置，对下、后、左三个活塞则以此调节叶蜡石块的定位基准，在其活塞上均装有一个对开限位环，如果需装卸顶锤时，则将对开限位环拆下，使活塞回到缸底。工作缸体采用可拆分为缸筒和缸底两部分的"活底缸"结构形式。

活塞的外端配有螺帽，用于限制活塞的回程位置。对于下、后、左三个工作缸的活塞而言，活塞外配有两只螺帽来调整叶蜡石块的定位基准。

2. 超高压泵

它是产生超高压的压源，同时也是保证六个工作活塞在工作行程范围内同步运动的机构。

3. 控制台

电气控制台为箱形结构元件，正面装有控制按钮、仪表及讯号装置；内部装有调功器等集成线路板及各电控元件接插座。

4. 液压传动装置

全部采用电液控制，以电气连锁为基础，即前一个动作完成为信号控制下一个动作开始，保证完成半自动，分段、调整三种工作规范。

半自动工作规范如下：

按工作按钮→空程前进→暂停→充液→超压→连通→加热→保压（补压）→停止加热→卸压→快速回程→活塞停止

调整规范工作时，按下某个动作按钮，即进行该动作，放开即停止，一般常用于顶锤的更换及设备的调试。

液压传动系统按其油路分，可分为主油路及控制油路两部分。主油路又以超高压可控单向阀为界，分为普通高压油及超高压油两部分。

5. 故障原因及排除方法

各类常见故障类型、原因及排除方法见表 8-1。

表 8-1　各类常见故障类型、原因及排除方法

故障种类	原　因	排除方法
压力增不上去	(1) 液压接头漏油； (2) 泵流量调定值过小或漏气吸空； (3) 溢流阀压力调得太低； (4) 超高压油泵故障； (5) 工作缸密封失效	(1) 进行维修； (2) 进行检查； (3) 调整压力值； (4) 查明原因进行维修； (5) 更换密封
不能保压	(1) 超高压管接头漏油； (2) 可控单向阀泄漏； (3) 超高压二位二通阀泄漏； (4) 超高压二位七通阀泄漏； (5) 顶锤破裂； (6) 工作缸密封失效	(1) 进行维修； (2) 更换密封； (3) 进行维修； (4) 更换密封； (5) 更换顶锤； (6) 更换密封

故障种类	原　因	排 除 方 法
超高压卸不了	(1) 超高压二位二通阀失灵; (2) 电磁阀失灵	(1) 查原因进行修理; (2) 查原因并修理
超压时连通前六缸压力相差大	(1) 压力表故障; (2) 二位七通阀未连通; (3) 个别工作缸内有气体	(1) 修理压力表; (2) 检查二位七通阀; (3) 打开放气塞检查
上、右、前顶锤前进时碰到行程开关不停	(1) 行程杆偏紧; (2) 微动开关或电气失灵; (3) 相应电磁阀没有复位	(1) 调整行程杆; (2) 进行检查; (3) 进行修理
回程动作不能完成	(1) 二位四通阀电磁铁未吸合; (2) 二位四通阀动作失灵	(1) 进行修理; (2) 进行修理

6. 加热系统

本机采用的加热系统为可控硅稳压手/自动调加热装置,该装置以可控硅元件和可控硅触发器为核心组成了稳压和调压系统。

互感器:通过合成棒的电流通常有数千安,为便于测量监控内部情况,需用互感器将大电流变为小信号电流,通过电流表测量出来。

变压器:低电压大电流变压器的特点是输出电压低,输出电流大。

7. 电控系统

(1) 电控系统采用品牌工控机及 15 寸液晶显示器,先进的 windows2000 操作系统使得图文清晰,色彩艳丽,图形及数据分析处理软件来源丰富,便于工艺人员分析。监控软件具有方便的工艺曲线设定及修改界面,可预置存储 100 套合成工艺,每套工艺具有 10 段压力及 18 段功率曲线(或 20 段温度曲线)。可自动记录存储压力、功率、温度、电压、电流、输入输出信号状态等工作参数及选择储存记录图形,配备的大容量硬盘可海量存储及长久保存屏幕图形及工作参数。

(2) 六面顶压机的控制核心为 PLC-S01 程序控制器,能可靠地完成动作程序、动作显示、故障检测及保护。装有微电脑的智能温控仪、大功率可控硅控制系统,可使其生产过程中温度按设定的曲线进行。变频调速器和超高压泵压力控制系统组成精密的压力系统,按预置的不同压力值自动转换。其较高的自动化程度使得操作方便、工艺稳定性好。

(3) 压力、功率、温度、动作等对象分别由独立的微处理器智能控制,具有反应速度快、控制精度高、抗干扰能力强、工作可靠、维护检修方便等特点。

(4) 工作缸行程开关采用感应式,具有非接触、灵敏度高、可靠性好等特点。

(5) PLC 控制器和功率控制器共设有 6 路 A/D 输入口,其输入分辨率为 0.25‰,用于检测压力、加热电压、加热电流等信号。2 路 D/A 模拟电压 0 ~ 10V 输出,用于压力及加热功率给定反馈调节。设有 50 路 I/O 输入输出口,其中 25 路输入口用于按键及行程开关等信号的输入,25 路输出口用于控制电磁阀及电机的开启与关闭,3 路 RS232 串行通讯口,可与上位机通讯连通上传下达工艺数据及过程记录,配备 0.1 级精度进口温控仪,7.5kW 富士变频调速器控制超高压油泵。

（6）屏幕显示的数据、状态和曲线：

数据：一次电流、一次电压（在面板上用表头显示）、二次电流、二次电压、锤头电压、合成功率（设定和实际）、功率微调量、合成棒电阻、超高压（设定和实际）、压力微调量、工步时间、送温压力、温度设定值、温度测量值等。

显示的状态：工步，手动/自动状态，阀，泵，加热，行程开关，报警提示等。

曲线：功率（设定和实际）、温度（设定和实际）、压力（设定和实际）、二次电流、锤头电压、电阻等共九条。

（7）加热控制：

1）恒功率快速 PID 调节。功率控制范围 0～30kW，控制精度 0.2% FS。

2）温度闭环控制，控制精度 0.1% FS。

（8）压力控制：压力控制范围 0～100MPa，控制精度不低于 ±0.1MPa。

（9）保护齐全，应设有的保护有：功率上限保护、电流、电压上限保护，可控硅击穿保护，压力上限保护，有固定缸锁定开关（在调整状态下只有把这三个开关打开，三个固定缸才能进行调整操作，一个开关对应一个固定缸），行程确认功能（即当空程前进结束后不能自动转入冲液，必须再按一下行程确认按钮才能转入冲液），工控机每一秒钟存储一次工作数据。可存 40 万块以上的历史数据，并可以存储显示历史曲线。可使用数据分析软件对其工作过程的数据进行详细分析。

（10）电器控制方案图如图 8-5 所示。

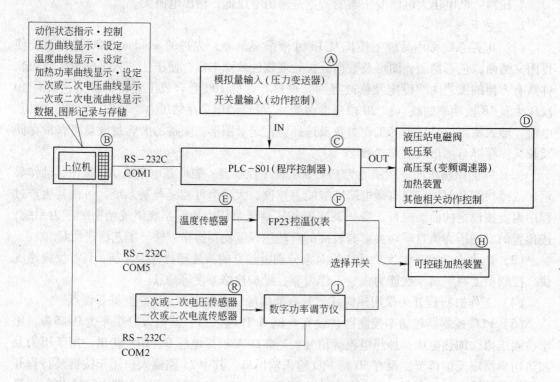

图 8-5　六面顶压机电器控制方案图

（11）机器在使用过程中的注意事项为：

1）经常查看冷却水出口温度是否太高。严禁不通水加热，否则会造成铜电极过热、变形。严重时可烧毁加热变压器。

2）工件加热时，变压器的一次测最大电流应限制在 90A 以下。

3）当发现电气控制柜中的快速熔断器损坏时，应仔细查明故障原因，待排除故障后，换上相同规格的快速熔断器即可，严禁采用普通熔断器及代用品。

4）铜连接应紧固牢靠，否则会在烧结过程中发生打火现象，损坏设备。

二、高压装置的调整

1. 高压装置的主要构件

（1）顶锤。硬质合金顶锤是构成超高压腔的主要构件，顶锤的几何精度对其使用寿命有较大的影响，因此对其几何尺寸一定要严格要求，如倒角要一致，上下两平面应平行，顶锤的锥度、椭圆度要符合要求，加工表面应无振纹。放置时间越长，其内应力消除得越好，有时也采用低温烘烤来消除内应力，这样可以延长顶锤的使用寿命。

（2）钢环。钢环主要起支撑和保护顶锤的作用，分为通冷却水钢环和非通冷却水钢环。钢环的几何精度对顶锤的使用寿命有较大影响，使用时应注意。

材质：45CrNiMoV；

硬度：HRC38～42。

（3）大垫块。大垫块主要起传递压力的作用。分为通电大垫块和非通电大垫块。

材质：45CrNiMoV；

硬度：HRC39～41。

（4）小垫块、垫片。小垫块、垫片主要起传递压力和支撑顶锤的作用，但一定要保持两平面平行，否则易造成顶锤的损坏。

材质：45CrNiMoV；

硬度：HRC50～55。

2. 顶锤的安装调整

（1）顶锤的压装。首先，选好合格的顶锤、钢环、垫块、开口圈等，把顶锤用手轻轻置于钢环内，并调整顶锤的四条棱边与钢环的四条棱边对应，检查压装高度是否在 6～8mm 之内，然后置于压机上，在顶锤顶面上放一铁质垫块，开动压机，使活塞缓慢接触到垫块上，平稳加压，此时要集中精力，顶锤斜面一旦与钢环斜面平齐，立即停车，使活塞回程，然后装垫片、小垫块和开口圈，且要求小垫块和顶锤底面接触完好。然后装上开口圈，开口处应在两相邻螺钉之间。

（2）初装顺序。先装下顶锤，并以下顶锤为基准，接着装后、左两个顶锤，最后装前、右、上三个顶锤。下、后、左顶锤为定位锤，上、前、右为活动顶锤。

（3）顶锤的安装与调整。将压机工作置于调整状态下，按下缸前进按钮使活塞前进一点，取下限位环，按下快速回程按钮，把准备好的顶锤安装在下活塞的大垫块上，然后使下活塞前进一点，直到能放进限位环为止（切不可使下活塞前进过多，防止超程），将下钢环的 4 个螺丝用力紧固，退回活塞，使其压紧限位环。以下顶锤为基准，再装后、左两个顶锤，其方法与装下锤方法相同。

将标准块放置在下、后、左顶锤上，分别调整其工作缸限位螺母，使顶锤相对校正块位于理想位置上（即标准块的棱线与顶锤面的边相重合），用松、紧螺钉，或者用锤子敲打钢环使顶锤转动等方法完成。

实际操作中，用标准块进行校正，只是初步的顶锤调整，还要压制实心块，观察其棱边和密封边的长短，厚薄是否均一，导电钢圈是否居中等，进一步进行更为精细的调整。

（4）行程开关的调整。将叶蜡石空心块放好并紧靠下、左、右顶锤，分别按动上、右、前三个活动缸前进按钮，使叶蜡石块分别位于相对应的上和下、左和右、前和后顶锤之间，使叶蜡石空心块刚好能晃动，此时，将行程拉杆上螺帽拧紧，按下快速回程按钮即可。

三、压机同步的调整

所谓同步，是指在单位时间内，6 个工作缸活塞同时前进、速度相等，且对被压试块实现等量压缩。设备同步性的调整方法为：六面顶压机合成之前，必须调整 6 个工作缸活塞的同步性，使 6 个活塞在充液行程中速度相同。这样就可以保证由 6 个顶锤面所形成的高压腔密封良好，顶锤受力均匀，避免在高温高压下炸裂。调整方法是调节 6 个节流阀开闭的大小。

衡量设备同步性调整好的标志有二：一是高压后叶蜡石各条密封边均匀，即宽窄与厚薄都一致；二是钢圈在叶蜡石块的中心位置上，并且不变形。

四、更换部分顶锤的方法

对于下、后、左三个缸上的顶锤，在调整状态下，按下对应的工作缸前进按钮，把限位环取下，按快速回程，拧松钢环上螺钉，即可撤下顶锤。若为上缸顶锤，先把压块放在下缸顶锤上，使上缸前进到接触压块，松开上缸钢环螺钉，按快速回程即可。对于前、右缸上的顶锤，直接拧松其钢环上的螺钉即可取下。

五、同步与对中调整不当造成的试棒变形

设备的同步性和对中调整不当，偏差太大，将造成试棒的变形，影响顶锤的寿命，或者造成放炮。常见的几种现象如图 8-6 所示。

（1）合成棒两端呈喇叭口状，如图 8-6a 所示，其主要原因是上、下缸偏慢或上、下

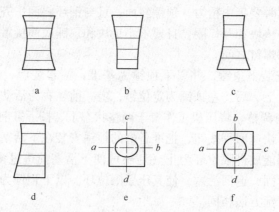

图 8-6 调整不当造成的试棒变形图

顶锤偏后。

如果在试棒的一端出现喇叭口，则是在一端发生了上述问题，见图8-6b、c。

（2）"伸腿"现象，如图8-6d所示，即某一面相邻两顶锤密封间隙过大，系因同步性或顶锤调整不当。

（3）合成试棒和两端的钢圈呈椭圆形，见图8-6e。原因是 a、b 方向的两个顶锤与 c、d 方向的两个顶锤相比位置调得较偏后，或 a、b 方向活塞充液较慢。

（4）钢圈偏心，如图8-6f所示。有两种可能：一是 a、c 方向的两个顶锤中有一个充液比其他顶锤偏慢，或位置调得偏后；二是 a、c 方向的两个顶锤中有一个充液偏快，或位置调得偏前。

［金刚石的合成］

一、操作规范

（1）合成前首先观察压机内留下的合成块，判断对中与同步是否调好，若有问题，需调整。

（2）拿一段锯条，小心地在每个顶锤的斜面上划动，看是否有顶锤损坏，若有应及时更换顶锤，切不可用坏锤合成，以免放炮。

（3）假如合成前是冷顶锤，应放一合成块。预热30min，顶锤预热功率为合成功率的 $1/3 \sim 1/2$，压力可为合成压力或为合成压力的90%，预热时可开启较小的冷却水。

（4）放置合成块时，应将顶锤面擦干净，小心地将合成块放入高压腔内，并要靠紧、放平，以防导电钢圈脱落。按下工作按钮，三活动缸空程前进，到位后分别停下，此时不应出现撞坏合成块的现象；若有，应立即停机，查明原因。充液正常后，放下防护板才可离开压机。

（5）在合成过程中，应经常观察冷却水，既不要过热，也不要过冷，更不应出现断流现象。

（6）正常合成时要精力集中，超压时要观察仪表情况，在保温保压过程中，更要高度集中，时刻观察高压表、电流表、功率表的变化情况，听高压腔内是否有响声。若遇有异常响声，电流突降应紧急停车。

（7）在合成过程中，主机附近严禁站人，以免发生事故。

（8）每拿出一合成块，首先判断其对中、同步情况，然后砸开试棒判断压力、温度是否匹配，做到随时调整。

二、合成工艺及要点

1. RVD金刚石合成工艺

将石墨触媒粉压柱、叶蜡石块、导电钢碗、导电片、柔性石墨纸等，按照图8-4的要求组装好待用。

合成前将组装块烘130℃，时间 $6 \sim 8h$。

合成表压、送温表压、加热时间按照工艺要求设定，如图8-7所示。

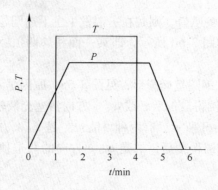

图 8-7　RVD 金刚石合成工艺

2. MBD 金刚石合成工艺

将石墨触媒粉压柱、叶蜡石块、导电钢碗、导电片、柔性石墨纸等，按照图 8-4 的要求组装好待用。

合成前将组装块烘 140℃，时间 6～8h。

合成表压、送温表压、加热时间按照工艺要求设定，如图 8-8 所示。

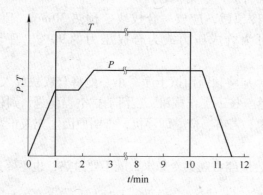

图 8-8　MBD 金刚石合成工艺

工艺特点为：在较低的压力下送温，一般采用两次升压，在"优晶区"偏高的压力下合成。

[人造金刚石的提纯与分选]

由石墨、触媒和叶蜡石等组成的试块，经过超高压高温作用后，石墨部分地转化为金刚石。由于采用原料和合成工艺不同，石墨变成金刚石的转化率也不同。转化率一般只有 20% 左右。当采用粉状原料合成细粒度金刚石时，转化率可高达 60% 以上。在超高压高温条件下，石墨转变成金刚石是一个复杂的反应过程。反应后的混合物除有金刚石和石墨外，还有触媒金属及其化合物，同时，还含有少量的叶蜡石。因此，必须进行提纯与分选，才能得到合格的金刚石产品。

提纯是清除合成棒试料中未反应的石墨以及混杂在试料中的触媒金属、叶蜡石等杂质，从而获得纯净金刚石的过程。分选则是将提纯后的金刚石进行筛分、选形和磁选，以便划分为不同粒度、形状和性能的金刚石品种。

一、提纯

金刚石的化学稳定性很高，常温下不与酸、碱起作用，在 600℃ 以下不与强氧化剂反应，也不被电解。石墨的化学稳定性较金刚石弱得多，在加热情况下可被强氧化剂氧化，其密度也比金刚石小。金属触媒易与酸起反应，也易于电解。叶蜡石能在不太高的温度下与碱起反应（与碱作用的温度条件低于金刚石）。根据这些物理或化学特性，可制订金刚石提纯工艺。

提纯之前，合成棒先要进行预处理。对于粉状料合成棒，采用机械破碎法将合成棒破碎成小块。可先用颚式破碎机初步破碎至块径为 10mm 左右，然后用对辊机进一步破碎至 4mm 左右准备进行电解。若要采用常规电解法，可直接装入电解篮；若要采用快速电解法，则须经浓硫酸浸泡初步除去石墨，然后装篮电解。

1. 除金属

除金属常用的方法有两种：酸处理和电解处理。酸处理可用于小批量生产或试验粉状触媒合成棒；而在大批量生产片状触媒合成棒时，宜采用电解法处理，以降低成本和减少污染，改善劳动条件。

（1）酸处理。酸处理所用的酸，既可以是硝酸，也可以是硝酸与硫酸的混合酸，或者是硝酸与盐酸的混合酸（王水）等。用王水处理最常见，以下重点介绍。

用王水处理前可先用浓硝酸加浓硫酸浸泡，使片状石墨疏松、变碎，大部分变为粉状，经漂洗除去，然后用王水处理。王水是一种氧化性极强的混合酸，能把触媒金属中的成分 Ni、Cr、Fe、Co、Mn 等金属及其合金溶解，生成相应的可溶性盐。化学反应如下：

$$3Ni + 2HNO_3 + 6HCl \Longrightarrow 3NiCl_2 + 2NO\uparrow + 4H_2O$$

$$Fe + HNO_3 + 3HCl \Longrightarrow FeCl_3 + NO\uparrow + 2H_2O$$

$$3Co + 2HNO_3 + 6HCl \Longrightarrow 3CoCl_2 + 2NO\uparrow + 4H_2O$$

反应生成的 NO 还会进一步反应：

$$2NO + O_2 \Longrightarrow 2NO_2\uparrow$$

$$2NO_2 + H_2O \Longrightarrow HNO_3 + HNO_2$$

酸处理操作方法：将物料与王水装入烧杯或耐酸容器中，置于电热板上，加热至沸腾。当溶液呈绿色时，表示反应已终止。冷却后倒掉废液，用自来水清洗数次，至中性为止。

HNO_2 是一种致癌物质，对人体的危害性较大。因此，废气需要专门处理。

（2）电解处理。

1）电解原理。触媒合金成分 Ni、Co、Fe 等元素各有一定的分解电位或析出电位。当电解槽的外加电压增加到使金属的电极电位超过其分解电位时，这些金属便会被电解，并在阳极上氧化为离子而进入溶液，之后又通过溶液迁移到阴极，并在阴极上还原析出。电极反应为：

阳极反应 $Me - 2e =\!\!=\!\!= Me^{2+}$

阴极反应 $Me^{2+} + 2e =\!\!=\!\!= Me$

式中，Me 代表 Ni、Co、Fe 等金属；Me^{2+} 代表相应金属的 +2 价离子。

电极电位较低者优先在阳极上溶解。如图 8-9 所示，金属 1 最先被电解。而当外加电压使得电极电位超过金属 3 时，则三种金属 1、2 和 3 将共同放电，同时被电解。

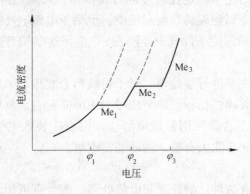

图 8-9 多金属共同电解时的阳极极化曲线

2）电解装置。装置图如图 8-10 所示。

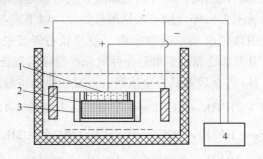

图 8-10 电解装置示意图

1—石墨电极；2—电解物料；3—电解篮；4—整流器

①低压直流电源。一般用硅整流器，其功率大小与电解槽相配合，根据生产量决定。例如可用 GDA300/0-24 整流器。

②电解槽。采用陶瓷耐酸槽或其他耐热耐酸槽。常用规格为 500mm × 300mm × 400mm。阳极料槽（电解篮）由耐酸、绝缘、100℃不变形而且可透过电解液的多孔性材料制成。例如可用 WA80 浇铸法制成。电解篮也可用钛篮，阴极板为不锈钢板或钛板。

3）电解液。一般可由硫酸镍溶液添加适量的导电盐、阳极去极化剂和 pH 值缓冲剂组成。这样的配方耗电少，电解效果也好。例如，$NiSO_4$ 200g/L、$FeSO_4$ 150g/L、$MgSO_4$ 150g/L、NaCl 2~3g/L、H_3BO_3 35g/L。

4）电解参数。电解电压 6~8V（单纯 $NiSO_4$ 电解液所需电压较高，电解终结电压可达 16~18V），电解液温度一般为 60~80℃，pH 值为 5~6（单纯 $NiSO_4$ 电解液的 pH 值为 2~3），阳极表观电流密度开始为 3A/dm^2，终了为 1.3~1.5A/dm^2，阴阳极间距为

30 ~ 40mm。

5）电解过程。将破碎后的小料块倒入料槽并压实，然后放入盛有电解液的电解槽中，最后放入阴极板。调好 pH 值后即可电解。常规电解工艺每槽电解 5 天左右。电解过程中，尤其是头两天，要每隔数小时将料压实一次，以保持导电良好。

当采用快速电解工艺时，电解过程可缩短到 1 ~ 2 天。电解液蒸发后要及时补充。阴极板上的镍要每天清除一次，以防触及阳极造成短路。电解后清洗，然后倒入锥式球磨机中磨碎，以便下一步摇床分选。球磨时只要求有研磨作用，以收到破连晶和整形效果；不希望有很大的冲击作用，以防止金刚石在球磨过程中被冲击破碎。

2. 除石墨

在目前的工业生产中，除石墨过程一般分为两步。第一步采用摇床选矿法，或浓硝酸加浓硫酸浸泡漂洗法，除去大部分石墨（80% 以上）。第二步采用化学方法将剩余的石墨清洗干净。现介绍如下。

（1）摇床分离法。摇床选矿法通常用来选别细粒的重矿物。它是根据矿物的密度差异，在沿斜面流动的横向水流中的分层特性以及床面的纵向摇动作用来进行选别的。

摇床是一个矩形的床面。在其纵向上或是水平的，或者稍具坡度；在横向则常为倾斜放置。使床面作纵向往复摇动的传动机构装在摇床的一端。传动机构可使床面作不对称的摇动。

当矿粒落入床面后，在摇动机构与横向水流的作用下，任何矿粒都会在两个方向即纵向和横向运动。由于不同矿粒的大小和密度一般不同，所以它们的纵向和横向速度也往往不同。显然，矿粒的运动轨迹与床面纵向运动方向所成的夹角是由矿粒的横向移动速度和纵向移动速度来决定的，因此，矿粒在床面上可以按密度和粒度不同来进行分离。

除去金属后的混合料送入球磨机内进行球磨，把石墨磨碎，使金刚石从石墨床体上剥落下来。然后，可选用刻槽矿泥摇床有效地分离金刚石与石墨。

（2）高氯酸氧化法。高氯酸是一种强氧化剂，加热后能把石墨缓慢地全部氧化。反应式为：

$$4HClO_4 + 7C \Longrightarrow 2H_2O + 2Cl_2 \uparrow + 7CO_2 \uparrow$$

操作方法为：把已除去触媒的物料置于烧杯或瓷桶中，倒入高氯酸，适当过量，然后加热。随着反应的进行，溶液颜色由黑灰色变为绿色、棕色至橘红色为止。反应完毕后撤离热源，倒出废酸。冷却至室温后，清洗数次至中性。剩余物为金刚石和叶蜡石的混合物。

3. 除叶蜡石

除去金属和石墨之后的物料中还混有少量的叶蜡石。除叶蜡石通常采用碱处理法。操作时，将化学纯的固体 NaOH（或与 KOH 的混合物）与物料按适当比例混合（碱料比为 2∶1 ~ 6∶1），放入不锈钢坩埚中，加水少许。加热至 250℃ 左右，保温 2 ~ 2.5h。叶蜡石与碱反应生成可溶性的盐，从而与金刚石分离开。反应式为：

$$Al_2O_3 \cdot 4SiO_2 \cdot H_2O + 10NaOH \Longrightarrow 2NaAlO_2 + 4Na_2SiO_3 + 6H_2O$$

人造金刚石连晶体和不规则晶体较多。因此，在除叶蜡石之前，需要有一道球磨破连晶和整形工序。此工序在三辊四筒式金刚石球磨机中进行，球料比一般为 4∶1，球磨工艺参数视具体情况而定。

二、分选原理与方法

这里所说的分选，是指对经提纯的金刚石进行粒度分级、选形和磁选的过程。

1. 粒度分级（筛分）

根据 GB/T 6406—1996 标准规定，金刚石颗粒按其尺寸大小可分为 25 个粒度。各粒度的尺寸范围用公称筛孔的尺寸范围来表示，由上检查筛和下检查筛两个相邻筛网的网孔尺寸来确定。例如，通过 50 号筛网而不通过 60 号筛网的颗粒群，称为 50/60 粒度，其余类推。

每种粒度都是由粗粒、基本粒、细粒组成的。其中，基本粒是指上、下筛网之间的粒群。基本粒群含量的高低决定着该粒度号组成的相对稳定程度。基本粒含量越高，该粒度的可变范围越小，表示相对稳定程度越高。

金刚石磨料的粒度分级，按标准规定用机械振动筛分法进行。目前国内金刚石磨料筛分粒度范围从 16/18 至 325/400 共 25 种成品粒度。

2. 选形

在经过分级后的各粒度金刚石中，均含有各种形状不同的金刚石晶体。一般来说，不同晶形的金刚石颗粒，其性能是不同的。目前，国内的选形只限于 200/230 以粗（通常 120/140 以粗）的各级粒度。选形一般均采用振动台选形法。

（1）设备。XXⅡ-83 型电磁振动选形机，如图 8-11、图 8-12 所示。

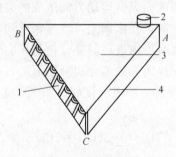

图 8-11　选形台面示意图

1—接料杯；2—给料斗；3—待选料；4—振动台面

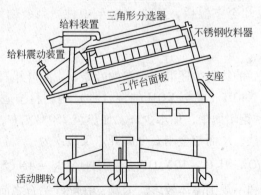

图 8-12　XXⅡ-83 型电磁振动选形机示意图

该选形机的工作原理是：利用振动和摩擦的作用以及它们两者之间的相互作用和影响，从而达到对人造金刚石磨料进行分级选形的目的。

当具有一定粒度、密度、形状的被选物料，经过给料振动装置的 V 形给料槽，按一定给料速度连续投放到振动着的具有一定振幅、一定三维空间倾斜角度、一定表面粗糙度的三角形盘面上时，因为物料和分选盘面间的摩擦阻力大小和形式不同（滑动摩擦、滚动摩擦、静摩擦），物料在分选盘面上沿着不同的运动轨迹前进。其中，完整晶体的单晶颗粒沿着分选盘面较低的一边向前滚动，连晶体或针片状等不规则的单晶颗粒沿着分选盘面较高的一边向前爬行，介于两者之间的物料沿着分选盘面的中间部位走完全程。经过分料漏斗，落入依次排列的 13 个集料斗中，从而达到连续分选的目的。

（2）影响选形效果的若干因素以及选形机的调整。一定粒度和密度的物料在分选盘面上能正常分选的标志是：当物料投放到振动着的分选盘面上时，首先应能散开，然后再调节振幅以及分选盘空间倾斜度的大小，以得到最佳分选状态和效果。不能正常分选时，可通过调整分选盘的空间倾角、振源电压大小、分选盘在振动器中弹簧上的固定位置，以及校正选形盘在振动器上的安装角度是否保证 20°等措施去改善。影响因素包括给料速度、分选角、振幅大小、选形机的工作环境、三角形选形盘等。

（3）选形操作方法与注意事项为：

1）待选料装入给料斗后，调节给料角及出料口大小以控制给料量，旋转变压器手柄以调节振动强弱。一般来说，选细料时给料量要小些，振动要强些；选粗料时则相反，给料量要大，振动要弱。

2）选形过程中，操作人员的身体和其他物体不要接触台面和选形机，以免影响选形效果。

3）所选金刚石物料必须是单一粒度，不潮湿，不含酸碱性。

4）不同粒度的物料利用同一台选形机进行选形时，物料应按粒度由细到粗的原则顺序进行选形。

5）每一种粒度的金刚石选形完毕后，要清扫台面和集料斗，并按原来的顺序装上。

6）注意集料斗的下料点不可置于台面以外，以免金刚石散落而造成损失。

7）已选好的牌号，粒度不要混杂，要分别收集。

3. 磁选

详见实验 1 中金刚石磁选内容。

[实验步骤]

（1）石墨触媒粉压柱配方：学生根据课程学习自己拟订。

（2）组装设计：学生根据课程学习自己设计组装方式。

（3）指导老师讲解演示六面顶压机的操作方法、参数设定和注意事项。

（4）合成工艺：学生根据课程学习自己设计合成工艺。

（5）提纯分选：学生根据课程学习自己设计合适的提纯分选工艺。

（6）检测：学生对合成的金刚石进行性能检测，并给出综合评价。

［实验注意事项］

（1）严格按照本实验中第五部分的第 1 条要求做。

（2）压机同步对中调整好，通水冷却、通电加热正常后必须请指导教师检查确认后方可实验。

（3）高压合成中，严禁到压机挡板后边去。

（4）实验结束后，整理实验原辅材料及各种工具，老师检查确认后方可离开。

［实验报告要求］

（1）实验名称。

（2）进行本实验的指导思想。

（3）实验目的、实验要求、实验原理、所用仪器设备、实验方案、实施手段、测试方法、工作计划与日程安排、实验步骤、实验记录及数据处理、实验结果分析与讨论、实验结论等。

（4）分析温度、压力、时间对金刚石晶体生长的影响。

（5）简述进行该实验的收获，提出改进本实验的意见或措施。

［思考题］

（1）如何调整六面顶压机同步、对中？如何判断是否调整好？

（2）合成块的组装方式如何影响金刚石合成的效果？

参 考 文 献

［1］王秦生. 超硬材料及制品［M］. 郑州：郑州大学出版社，2006.

［2］超硬材料级制品实习教材. 河南工业大学，2009.

［3］25000MN 六面顶压机使用说明书.

［4］六面顶压机压力、功率控制系统使用说明书.

实验19 金刚石陶瓷结合剂制品设计

[基础知识]

在本实验课程中,要求学生综合运用本专业基础知识,设计一种低熔点高强度的陶瓷(玻璃)作为超硬材料制品的结合剂,从查阅文献资料、设计配方、制定实验方案,到试样的制备、实验结果的分析,通过一系列的工作,使学生了解开发一种新型超硬材料制品结合剂需要考虑的诸多方面的因素,掌握开发一种新产品的过程,提高学生分析问题、解决问题的能力,使其初步具备最基本的科研能力。

一、超硬磨具

1. 超硬磨具简介

磨具属于工具范畴。广义地讲,凡是在加工工序中起磨削、研磨、抛光作用的工具,都称为磨具,如在日常生产生活中常见的砂轮、砂纸等。磨具与其表面硬度不一致的被加工材料之间通过在一定的压力下发生相对运动而产生磨削、研磨、抛光等作用。

在一般情况下,磨具由磨粒、结合剂和气孔三个部分构成,三者也构成了磨具的形貌特征,被称为磨具的三要素。

在磨具的三要素中,磨粒是构成磨具的主要原料,是磨具起到磨削作用的主要物质。其暴露在磨具表面上的众多棱角是加工工件的切削刃。

结合剂是磨具中黏结磨粒的物质。它把磨粒黏结在一起,使之成为具有一定形状和强度的磨具,并使磨粒在磨削过程中具有一定的自锐作用。

气孔是磨具中磨粒之间、磨粒和结合剂之间以及结合剂内部存在的间隙,其在磨具磨削过程中具有容屑、排屑和增强散热、冷却的作用。磨具气孔的多少和气孔的大小可根据磨削用途通过调整配方来控制。

2. 超硬磨具的分类

按所使用的磨料不同,超硬磨具可分为金刚石超硬磨具和cBN超硬磨具。

按结合剂种类不同,超硬磨具可分为树脂结合剂超硬磨具、金属结合剂超硬磨具、电镀结合剂超硬磨具和陶瓷结合剂超硬磨具四种。

树脂结合剂主要是酚醛树脂。它是由苯酚和甲醛按一定的比例在催化剂的作用下聚合而制得的。用它成型的磨具通过热硬化成为具有一定耐火性和耐热性的固体,并且具有相当的弹性,但其不抗碱性溶液作用,强度也不太大,不能在线速度大于60m/s的高速磨削中使用。

金属结合剂超硬磨具一般指烧结金属超硬磨具。金属结合剂制备的超硬工具以金刚石工具为主导。如各类锯片、钻头、磨辊和砂轮工具,金属结合剂金刚石磨具中应用最广泛的是青铜结合剂金刚石磨具。青铜结合剂金刚石砂轮比树脂结合剂砂轮的强度高、耐磨,工作面积和形状保持性好,寿命长,可承受大负荷,但自锐性差、效率低。青铜结合剂砂轮宜用于首先考虑耐用而不是效率的场合。

电镀结合剂是通过金属的电沉积方法得到的。镀层一般比较薄,结合力较大,抗宏观断裂的能力相当强，而且磨具也有较好的自锐性能，在较长时间内能满足磨削要求，并具有较高的锋利性，且具有优良的形状保持性能，因此特别适用于成型磨削；但由于其镀层较薄，故使用寿命短。

陶瓷结合剂利用的是低熔点的陶瓷玻璃，在超硬磨料的热稳定性温度下通过烧结，使结合剂全部或部分熔融，成为有一定流动性的黏滞液体，将磨粒黏结包裹起来，位于磨粒间的陶瓷结合剂液相由于表面张力的作用将两颗粒拉紧；冷却后把磨料紧紧固结起来。陶瓷结合剂的磨具在烧结中产生了一定量的气孔，因此磨具有很强的自锐性和较低的热膨胀性；陶瓷的脆硬特性使得磨具具有弹性模量高，使用时变形小，加工精度高的优点。

二、陶瓷结合剂概述

按陶瓷结合剂烧成温度（或耐火度）的高低来分，陶瓷结合剂分为高温和低温两大类。一般把耐火度高于 1000℃ 以上的称为高温结合剂，这类结合剂由长石、石英等无机非金属矿物和少量的添加化合物组成，其原料成本较低，结合剂的耐火度高，适用高温烧成，烧成后的磨具内物相不均匀，有大量的未熔物质，常用作普通磨料磨具生产用结合剂。耐火度低于 1000℃ 以下的称为低温结合剂，又分为两种类型，一类用于普通磨料磨具生产；另一类是超硬材料磨具剂。为满足低温烧成的要求，结合剂中一般要引入大量的熔剂性原料，这些熔剂原料若以矿物质或化工原料形式引入，在烧成升温过程中一方面将发生较大的体积变化，另一方面由于分解而产生大量的气体，不利于结合剂与磨粒之间的黏结，因此应首先将这些原料熔制成预熔玻璃。低温陶瓷结合剂所用玻璃料具有如下特点：

（1）玻璃料的耐火度低，熔融温度适当，可以适用于低温烧成；

（2）由于引入大量低熔原料，因此结合剂的线膨胀系数往往比较高；

（3）结合剂的强度比较低。

1. 陶瓷结合剂原料的分类

陶瓷结合剂的种类根据用途不同，可分为很多种。超硬材料陶瓷磨具用结合剂原料一般分为两种：非玻璃料和玻璃料。

非玻璃料一般为黏土，黏土在低温陶瓷结合剂中的主要作用是改善结合剂的可塑性及成型性，调整结合剂的耐火度和烧结范围，但在超硬材料陶瓷磨具结合剂中的用量很小。

玻璃料则是低熔点、低膨胀、高强度玻璃。超硬材料陶瓷磨具结合剂用的主要原料为玻璃料。

2. 陶瓷结合剂常用的玻璃料及其性质

熔制玻璃料的主要原料有：

（1）硼酸（H_3BO_3）：硼酸的熔点为 148℃，加热脱水成硼酐（B_2O_3），硼酐的密度为 2.46g/cm³，熔点为 460℃。硼酸是往玻璃中引入 B_2O_3 的主要原料。

（2）石英：石英的主要成分是 SiO_2，是向玻璃中引入 SiO_2 的主要原料。

（3）氧化锌：氧化锌的密度为 5.6g/cm³，熔点为 1975℃。它与硼酐形成硼锌玻璃，在磨具烧成过程中起催熔作用。

（4）氧化铅（PbO）：四角晶体呈黄红色，密度为 9.35g/cm³，熔点为 888℃。能降低玻璃结合剂的耐火度，改善玻璃熔体的湿润性。

（5）氧化锂：Li_2O 在结合剂玻璃料中具有催熔作用，并且可以改善结合剂对磨料的湿润性。

（6）碳酸钠（Na_2CO_3）：无水碳酸钠为白色粉末，密度为 $2.53g/cm^3$，熔点为 851℃，是往玻璃中引入 Na_2O 的主要原料。

（7）氧化铝：白色粉末，密度为 $3.65 \sim 3.70g/cm^3$，熔点为 2050℃。

（8）碳酸钾：白色结晶粉末，密度为 $2.43g/cm^3$，熔点为 891℃，是往玻璃中引入 K_2O 的原料。

（9）氧化钛：TiO_2 的熔点为 1640℃，在玻璃料中具有一定的催熔作用，可以改善结合剂对磨料的湿润性能。

3. 陶瓷结合剂的体系及其特点

常见陶瓷结合剂体系包括铝硅酸盐玻璃系、硼硅酸盐玻璃系、硼铝硅酸盐玻璃系和铅玻璃系陶瓷结合剂。

（1）铝硅酸盐玻璃系结合剂。主要包括 $R_2O-Al_2O_3-SiO_2$ 玻璃系结合剂和 $R_2O-RO-Al_2O_3-SiO_2$ 玻璃系结合剂两大类。

$R_2O-Al_2O_3-SiO_2$ 结合剂体系中 R_2O 主要是 Na_2O、K_2O。一方面，Na_2O、K_2O 作为玻璃网络修饰成分可以使玻璃体系中的硅氧键断裂，起到降低玻璃黏度的作用，因此可以降低结合剂的耐火度，提高结合剂的流动性，对结合剂的热膨胀性也有较大的影响；另一方面，在 Al_2O_3 存在的情况下，Na_2O、K_2O 提供的游离氧可以改变铝氧多面体的配位类型，使铝氧多面体参与玻璃结构网络的构建，从而实现 Al_2O_3 对结合剂性能的调节。Na_2O、K_2O 在 $R_2O-Al_2O_3-SiO_2$ 结合剂体系中含量较低，一般总含量不能超过 15%。碱金属氧化物含量过高会降低磨具的使用性能，如减弱结合剂中玻璃相抵抗冷却液侵蚀的能力。因此，$R_2O-Al_2O_3-SiO_2$ 系结合剂中 Al_2O_3、SiO_2 含量较高，所以结合剂的耐火度一般较高，结合剂的流动性也较差。其中，Al_2O_3、SiO_2 含量相对较少的为烧熔结合剂，多用于刚玉类磨具的制造；Al_2O_3、SiO_2 含量相对较多的为烧结结合剂，多用于碳化硅类磨具的制造。

Al_2O_3 和 SiO_2 是结合剂中的基本成分，它们构成了玻璃网络的基本架构，从而提供结合剂的基体强度。Al_2O_3 和 SiO_2 可以提高结合剂的高温黏度和耐火度，降低结合剂的高温流动性。Al_2O_3/SiO_2 比例越大，磨具的烧结范围越宽，反之烧结范围越窄。在玻化后的冷却过程中，陶瓷结合剂在 578℃左右石英晶体发生由 $\beta \rightarrow \alpha$ 晶型转变，并伴随有较大的体积膨胀，这可能使结合剂桥中形成微裂纹。所以，含有较大石英颗粒的结合剂在烧成时，磨具必须在玻化温度附近保温足够长的时间，使石英颗粒充分溶解，以保证结合剂桥的整体性。对于刚玉磨具，在烧成过程中刚玉磨料和结合剂相互作用，磨料表面的 Al_2O_3 溶解扩散到结合剂中，结合剂中的 SiO_2、K_2O 等也会溶解到刚玉中，它们在刚玉磨料与结合剂接触处形成一厚度为 $10 \sim 100\mu m$ 的过渡层。烧熔结合剂磨具在高温烧成过程中，由于 Al_2O_3 的溶入提高了结合剂的高温黏度，在一定程度上可以防止磨具变形。另外，Al_2O_3 还可以提高结合剂的韧性，但对结合剂的线膨胀系数的影响不大。

$R_2O-RO-Al_2O_3-SiO_2$ 结合剂体系中 RO 主要是 MgO、CaO。Mg^{2+}、Ca^{2+} 的电荷低、半径大，离子场强度比较小，它们一般作为网络修饰离子填充于网络结构孔隙处，对玻璃的性质起到一定的调节作用。RO 引入到玻璃中使断裂后的桥氧与 R^{2+} 相结合，所以 RO 对玻璃网络结构的影响不如 R_2O 明显。因而 RO 在降低结合剂的耐火度、提高结合剂的流动性和对结合剂的热膨胀性的影响方面都不如 R_2O 显著。一般来说，R_2O-RO-Al_2O_3-SiO_2 结合剂体系中 RO 的含量较少。

（2）硼硅酸盐玻璃系结合剂。主要是 R_2O-B_2O_3-SiO_2 系结合剂，其中碱金属氧化物多为 Na_2O。Na_2O-B_2O_3-SiO_2 系玻璃具有较低的线膨胀系数，良好的热稳定性和化学稳定性。B_2O_3 作为一种强助熔剂，它的引入显著地降低了结合剂的耐火度，改善了结合剂的流动性、高温润湿性和反应能力等。而且 B_2O_3 具有负的线膨胀系数，它可以和线膨胀系数较大的碱金属氧化物共同作用，形成具有较低线膨胀系数的硼玻璃，从而使结合剂的线膨胀系数与磨料的线膨胀系数能更好的匹配。这一类结合剂均属于烧熔结合剂，一般用于需要提高砂轮强度的场合，如粗粒度磨具、软级硬度磨具、高速砂轮等。

B_2O_3 对结合剂的强度及性能的贡献可以用有关玻璃理论解释。当加入 R_2O 和 RO 时，R_2O 或 RO 提供的自由氧使硼氧三角体［BO_3］转变为完全由桥氧组成的硼氧四面体［BO_4］，硼的结构由层状结构转变成与硅氧四面体［SiO_4］相似的三维空间架状结构，同时进入玻璃网络，从而使玻璃的网络得到加强。当加入量超过一定限度时，硼氧四面体［BO_4］又会转变为硼氧三角体［BO_3］，玻璃结构和性质发生逆转。在引入 R_2O 和 RO 的同时，玻璃的某些性质在性质变化曲线中会出现极大值或极小值。与相同条件下的硅酸盐玻璃相比，硼玻璃的性能随碱金属和碱土金属的加入量的变化规律相反，称之为"硼反常"现象。

（3）硼铝硅酸盐玻璃系结合剂。是在硼硅酸盐玻璃的基础上加入 Al_2O_3，形成以 Na_2O、B_2O_3、Al_2O_3、SiO_2 为主要组分的结合剂体系。

在 Na_2O-B_2O_3-SiO_2 玻璃中加入 Al_2O_3 后，Al^{3+} 使硼氧四面体中的 B—O 键断裂，使硼氧四面体转化为硼氧三角体，从而以铝氧四面体进入玻璃网络，如图 8-13 所示。Al_2O_3 的加入也增大了 Na_2O-B_2O_3-SiO_2 玻璃中硼氧网络和硅氧网络的兼容性，较大的修饰离子停留在结构的空隙之中，保持了以铝代硅后网络的正负电荷平衡，保持了正常的交联结构，从而抑制了 Na_2O-B_2O_3-Al_2O_3-SiO_2 玻璃的分相趋势，如图 8-14 所示。所以，适量 Al_2O_3 的加入可以提高硼硅酸盐系结合剂的强度。

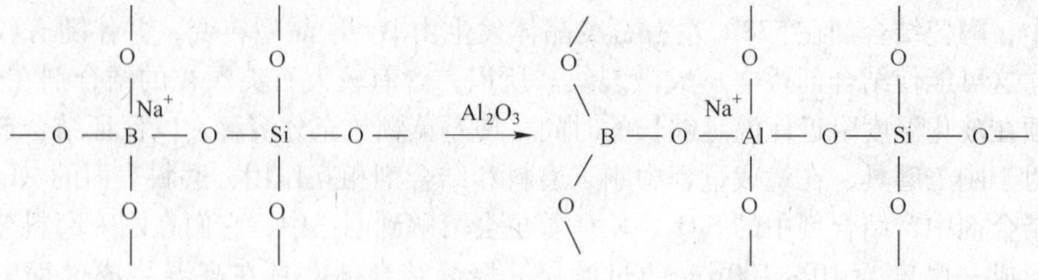

图 8-13　Al_2O_3 对硼网络结构转变的影响

通过调节 B_2O_3 的含量及（Al_2O_3 + B_2O_3）与（R_2O + RO）的摩尔比，可以得到具有较低耐火度、良好的流动性和高温润湿性、较高强度的硼铝硅酸盐玻璃系结合剂。B_2O_3 加入量在 15% ~ 25%（质量分数）的硼铝硅酸盐玻璃系结合剂具有较高的强度，能够减少结合剂的用量和提高磨具的磨削性能，且能够适应多种磨削类型的性能要求。

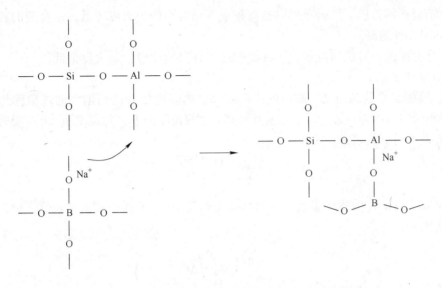

图 8-14　Al_2O_3 对硼氧网络和硅氧网络的兼容性的影响

（4）铅玻璃体系结合剂。主要是以 PbO-B_2O_3-SiO_2 系玻璃为基础体系，再添加其他一些改性成分，如 R_2O、RO、ZnO 等，以此来调节结合剂的性能。

在硼硅酸盐玻璃中引入适量 PbO 能够降低结合剂的耐火度。PbO 代替 Na_2O 能够明显提高结合剂的强度。PbO-B_2O_3 在熔体中的结构不同于晶体，因此制品在冷却过程中不易析晶，这使得结合剂大部分成为均匀的玻璃相，也有利于结合剂在低于烧成温度下熔融，从而增大了结合剂的反应能力和润湿性，增大制品中结合剂的强度。

但是，PbO 的毒性大，在玻璃熔融过程中容易挥发，对人体造成危害，磨削废液中残留的 Pb^{2+} 也会污染环境，所以，近年来铅玻璃系陶瓷结合剂逐渐被无铅结合剂所取代。

三、陶瓷结合剂的主要性能及影响因素

结合剂在磨具中起着黏结与把持磨粒的作用，它决定着磨具的强度、硬度、耐用度、自锐性、使用寿命等主要性能，同时也较大程度地决定着磨具的制造工艺性能，所以必须选择和研制出性能良好的结合剂。陶瓷结合剂的主要性能包括物理、化学、热学、力学等方面。

1. 耐火度

（1）耐火度的意义。结合剂的耐火度是指能够抵抗高温作用而不熔融的性质，即结合剂在高温下软化时的温度。耐火度是结合剂的主要性能指标之一。如果结合剂的耐火度太高，烧成时烧结程度差，它与磨粒黏结得不牢，会影响磨具的硬度及强度，且对烧成温度的波动很敏感，使磨具硬度不稳定；相反如果结合剂的耐火度太低，烧成时液相黏度小，将引起磨具的变形发泡。

（2）影响耐火度的主要因素有：

1）结合剂的化学成分。Al_2O_3、SiO_2 含量的增加，一般会提高结合剂的耐火度；K_2O、Na_2O、Li_2O、CaO、MgO 等碱性氧化物含量及 B_2O_3 含量的增加，一般会降低结合剂的耐火度。

2）结合剂的粒度。结合剂的颗粒度越细，结合剂的耐火度越低；结合剂的粒度越粗，结合剂的耐火度越高。

3）升温速度。升温速度快，耐火度偏高；升温速度慢，耐火度偏低。

2. 线膨胀系数

（1）线膨胀系数的意义。物体的体积或长度随温度的升高而增大的现象称为热膨胀。某物体在温度 t_0 时的长度为 L_0，温度升高到 t 时的长度为 L_t，长度增量 ΔL 与温升 Δt 之间存在的关系可用下式表示：

$$\frac{\Delta L}{L_0} = \alpha \cdot \Delta t \tag{8-1}$$

式中，比例系数 α 称为线膨胀系数，即物体在温度升高 $1℃$ 时的相对伸长值，单位为 $℃^{-1}$，计算公式如下：

$$\alpha = \frac{\Delta L}{L_0 \cdot \Delta t} \tag{8-2}$$

物体在温度 t 时的长度为：

$$L_t = L_0 + \Delta L = L_0(1 + \alpha \cdot \Delta t) \tag{8-3}$$

物体的体积随温度的增长可用下式表示：

$$V_t = V_0(1 + \beta \cdot \Delta T) \tag{8-4}$$

式中，β 为体积膨胀系数，相当于温度升高 $1℃$ 时体积的相对增加值，单位为 $℃^{-1}$，计算公式如下：

$$\beta = \frac{\Delta V}{V_0 \cdot \Delta t} \tag{8-5}$$

结合剂的膨胀系数与磨料的匹配性直接影响着磨具的强度、制造工艺和使用性能。若磨料的膨胀系数小于结合剂的膨胀系数，则产品在冷却时，结合剂的体积收缩比磨料大，结果结合剂桥将产生张应力，削弱了结合剂桥的作用。相反，若磨料的线膨胀系数大于结合剂的膨胀系数，当产品冷却时，磨料的体积收缩较大，磨粒拉离结合剂桥，削弱了结合剂桥的固结程度，磨削时容易脱落。因此结合剂和磨料的膨胀系数应相等或接近，这样当温度发生变化时，两者伸缩协调，不至于降低其结合强度。同时还要求结合剂的膨胀系数随温度的增长率是平缓的，不能发生突变，否则，当烧成升温速度较快时，磨具成品会出现裂纹。结合剂的膨胀系数也会影响磨具的磨削性能，在磨削过程中，磨具进入磨削部分，若结合剂的膨胀系数大于磨粒的膨胀系数，由于磨削热的作用，结合剂产生一种压应力，更紧地把持着磨粒，使其不易脱落，表现为韧性的增加；相反磨粒易于脱落，表现为脆性的增加。

（2）影响线膨胀系数的主要因素有：

1）化学成分。根据玻璃化学理论，玻璃的膨胀系数取决于其化学组成，并符合加合法则，膨胀系数小的物质含量多，结合剂的膨胀系数也小；膨胀系数大的物质含量少，结合剂的膨胀系数也大。

2）晶体结构。固体材料的膨胀系数很大程度上取决于其晶体结构类型和晶体点阵中质点间结合力的大小。根据固体物理有关理论，质点间结合键强越大，同样的温差，质点振幅增加的越小，其平衡位置的位移量增加得就少，因此表观的线膨胀系数就较小。

3）烧后的物相组成。在物相组成中，一般结构紧密的晶体相的膨胀系数都较大，而相应组成的玻璃相的膨胀系数较小。

3. 流动性

（1）结合剂流动性的意义。结合剂的流动性是指结合剂高温熔体黏度的倒数。黏度大时，流动性就差；反之，流动性好。即：

$$\varphi = \frac{1}{\eta} \tag{8-6}$$

式中　φ——结合剂的流动性；

　　　η——结合剂的高温熔体黏度。

η 可理解为阻碍着面积为 $1cm^2$ 的液体对距离 $1cm$ 的另一以 $1cm/s$ 速度运动着的同样液体层移动的内摩擦力。

磨具的结合剂在烧成升温过程中，一方面不断增加液相量，另一方面液相的黏度又不断下降，即流动性不断增大，这种现象能促使结合剂较均匀地分布于磨粒之间，从而加强了磨具的机械强度，但结合剂的流动性过大时，有可能使产品产生变形。

（2）影响结合剂流动性的因素有：

1）化学成分。一般地，碱金属氧化物 Na_2O、K_2O、Li_2O 能提高流动性，碱土金属氧化物 MgO、CaO 等也能提高流动性，而 Al_2O_3、SiO_2 能降低流动性，B_2O_3 含量在 15% 以下时降低流动性，大于 15% 时，能增加流动性。关于氧化物影响流动性的结论可从玻璃理论得到解释。

2）温度。温度升高给熔体质点提供了较大的活化能。活化质点数目越多，流动性就越大；反之，就越小。玻璃熔体黏度与温度关系可用富格尔-弗尔希（Vogel-Fulcher）公式表示，即：

$$\eta = E \times e^{\frac{F}{T-T_0}} \tag{8-7}$$

式中　η——熔体的黏度；

　　　T——绝对温度；

　E，T_0——常数；

　　　F——与黏滞流动活化能有关的常数。

上式表明，温度上升，黏度下降，流动性增加。

4. 高温湿润性

（1）高温湿润性的意义。结合剂的高温湿润性是指高温下结合剂熔体对磨料的湿润能力。结合剂熔体对磨粒的湿润性很差，熔体很难流铺到磨粒的表面，这样结合剂就不能将磨粒固结住，则磨具的强度低，磨粒容易脱落。因此，一般希望结合剂的高温湿润性尽可能大一些。

（2）影响高温湿润性的因素有：

1）结合剂的化学组成。物质的化学组成决定着其本身的性质及表面张力。

2）颗粒的表面状况。表面粗糙度越大，湿润性能越强；表面如被污染，湿润状态会变差。

5. 弹性模量

（1）弹性模量的意义。陶瓷结合剂试样受到拉伸或压缩时，会产生相应的弹性变形，如图 8-15 所示，应力与应变的比例常数称为结合剂的弹性模量，即：

$$E = \frac{\sigma}{\varepsilon} = \tan\varphi \tag{8-8}$$

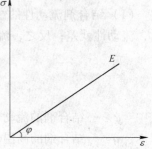

图 8-15　应力应变关系图

式中　E——弹性模量，MPa；

ε——应变（即拉伸或收缩时试样长度的相对变量），$\varepsilon = \Delta L/L$，其中，L 为试样的长度，mm；ΔL 为试样的变形量，mm；

σ——拉伸（或压缩）时试样受到的应力，$\sigma = P/F$，其中，P 为试样拉伸（收缩）时所受到的力，N；F 为试样的截面积，mm^2。

弹性模量 E 反映了材料内部质点间的结合强度的大小。质点间结合力强，弹性模量就大，反之就小。结合剂的弹性模量直接影响磨具的弹性模量，弹性模量较大的结合剂，其磨具的弹性模量就大；磨具的弹性模量大，它的弹性差，刚性大，受外力作用时变形性差，E 越大，越容易产生较大的热应力，若热应力超过坯体强度时，就会出现开裂现象。为降低热应力，防止砂轮出现开裂，应选择弹性模量较小的结合剂。

（2）影响弹性模量的因素有：

1）结合剂的组成。结合剂的弹性模量与其组成有关。应变材料的弹性模量与各组成的弹性模量之间存在如下关系：

$$E = E_1 V_1 + E_2 V_2 + \cdots + E_i V_i \tag{8-9}$$

式中　E_i——组分 i 的弹性模量；

V_i——组分 i 的体积分数；

E——材料整体的弹性模量。

若弹性模量大的组分的含量高，则结合剂总的弹性模量也大，若弹性模量小的组分含量高，则总的弹性模量就小。一般共价键材料的弹性模量大于离子键材料的弹性模量。如果结合剂是完全玻化的，则氧化物对弹性模量的提高作用依次为：

$$CaO > MgO > B_2O_3 > Fe_2O_3 > Al_2O_3 > BaO > ZnO > PbO$$

2）气孔率。当气孔率增大时，弹性模量和强度均会下降。气孔率小于 50% 时，弹性模量与气孔率之间存在如下关系：

$$E = E_0(1 - 1.9P + 0.9P^2) \tag{8-10}$$

式中　E——含有气孔材料的弹性模量，MPa；

E_0——无气孔材料的弹性模量，MPa；

P——材料的气孔率，%。

3）温度。温度升高，质点间距增大，相互作用力降低，弹性模量降低，加热到一定程度后，结合剂出现液相而软化，弹性逐渐消失。

6. 机械强度

结合剂的机械强度指磨具产品抵抗外力作用而不被破坏的能力，包括抗拉、抗折、抗冲击、抗压强度。磨具的机械强度主要取决于结合剂本身的强度、结晶程度、显微结构以及与磨料线膨胀系数的匹配性等，且以抗拉强度为重点。

（1）机械强度的意义：

1）抗拉强度：砂轮在使用过程中，处于高速回转状态，产生很大的离心力，必须具有足够的抗拉强度来抵抗离心力的作用，以保证它不致破裂。

2）抗折强度：结合剂的抗折强度指磨具在受到弯曲应力作用时不发生破裂的极限能力。抗折强度大约相当于抗拉强度的 3 ~ 3.5 倍。

3）抗冲击强度：结合剂的抗冲击强度指磨具抵抗冲击载荷时的极限强度，是衡量结合剂脆性、韧性的依据。

（2）影响强度的因素有：

1）结合剂的化学组成。结合剂的组成以玻璃相存在，玻璃强度理论认为：玻璃的化学组成对其强度的贡献符合加法法则，一般来说，在玻璃组成中，CaO、BaO、B_2O_3（15% 以下）、Al_2O_3、ZnO 等对强度的提高作用较大，MgO 等对强度的影响不大。

2）结合剂的物相组成。在相同条件下，玻璃相含量越多，强度越大。结合剂的物相组成影响了结合剂与磨料的结合状态，进而影响了结合强度。

3）结合剂的其他性能。结合剂的其他性能包括：线膨胀系数、流动性、高温湿润性、弹性模量等，与磨具的强度密切相关。这些性能对强度的影响不是彼此独立的，而是相互影响的。

4）结合剂的显微结构。决定结合剂强度的主要因素除其组成外，就是其显微结构。材料的理论强度与实际强度相差很大是由于材料内部存在缺陷。格里菲斯（Griffith）提出了微裂纹理论，解释了理论强度与实际强度的差异。

断裂力学理论认为，材料断裂过程分两步：一是微裂纹的产生，二是裂纹的扩展。在材料一定的情况下，材料的断裂强度跟裂纹长度有直接关系，裂纹越长，越容易扩展，材料的强度越低；并且对磨具来说，硬度高且内部不含微裂纹的其韧性就大。所以，要提高结合剂和磨具的强度，必须尽可能消除其中的缺陷和裂纹源。

结合剂中产生裂纹的原因有：结合剂与磨料的线膨胀系数差别较大，在结合剂桥与磨粒接触处易产生微裂纹；烧后的物相中，晶体与晶体的各向异性与不同取向而产生缺陷以及晶相与玻璃相的热失配而产生缺陷。

5）烧成工艺。烧成工艺是决定结合剂中玻璃相量、晶相量、晶粒大小、气孔率以及气孔尺寸等的关键，所以对结合剂及磨具的强度的影响很大，因此必须有合理的烧成工艺。

7. 把持能力

（1）把持能力的意义。结合剂对磨粒的把持能力通过砂轮的硬度来表现。砂轮的硬度是指砂轮表面层磨粒在外力作用下从磨具表面脱落的难易程度。砂轮磨削时主要是磨粒与工件间力的作用，但当磨粒受外力作用时，结合剂也将受到一定的外力作用。磨粒在磨削过程中逐渐变钝，径向压力增加，使结合剂破裂，被磨钝的磨粒就自动脱落，露出新的锋利磨刃。若结合剂的把持力较小，磨粒有可能在磨削力的作用下直接从砂轮表面脱落下来，这时砂轮的寿命很短，因此要求用结合剂对磨粒的把持能力强（即硬度高）的砂轮来磨削才能延长砂轮的寿命。

（2）影响把持能力的因素有：

1）磨具的成型密度：磨具的成型密度越大，磨料从磨具中脱落越难，即结合剂对磨料的把持力越大；反之，结合剂对磨粒的把持力越小。

2）结合剂与磨料界面的结合情况：如果磨料表面经过镀覆金属 Ti 或镀覆玻璃等处理，结合剂与磨料的结合牢固，结合剂对磨料的把持力就强，如果结合剂与磨料发生化学反应产生气体，则结合剂对磨料的把持力就差。

3）结合剂的类型：一般来说，对磨料的把持力强弱顺序为：微晶玻璃结合剂＞纯玻璃质结合剂＞烧结结合剂。

实际应用过程中，结合剂对磨料的把持能力应与磨料的性能相匹配，磨料强度高时，要求结合剂的把持力强，以充分发挥磨料的高强度优势；磨料强度低时，要求结合剂把持力弱，否则磨具磨削时会出现烧伤、粘屑现象。

四、陶瓷结合剂的选择原则

制造陶瓷结合剂超硬磨具，要求结合剂应该保证磨具有足够的强度及良好的磨削性能，并且具有良好的工艺性能。

1. 结合剂的选择原则

（1）根据磨料选择结合剂。不同的磨料对结合剂的性能要求不一样，对于不同的磨料，所研制的结合剂的膨胀系数、高温湿润性等性能要与所选择的磨料以及填料相匹配。同时要根据超硬磨料的热稳定性，选择相应烧结温度的结合剂。

（2）根据磨削要求选择结合剂。在磨削时，要减少工件烧伤，提高磨削效率，一般采用松组织磨具。尤其是对于超硬磨具，所研制的结合剂应该强度高、流动性好，才能保证磨具的强度与硬度，所以应选择烧熔结合剂。

2. 超硬磨料对结合剂的性能要求

（1）结合剂的耐火度及烧成温度要低。金刚石的热稳定性不高，在空气中受热到 700℃ 以上时，开始氧化和石墨化，表面结构开始变化，强度降低，所以为避免磨料性能的劣化，金刚石陶瓷结合剂磨具必须使用低温陶瓷结合剂。cBN 具有较好的热稳定性，承受 1250 ~ 1350℃ 高温时仍能保持高硬度，所以，cBN 陶瓷结合剂磨具可选择烧成温度较高的结合剂。

（2）结合剂的强度要求。高速磨削所使用的砂轮必须具有足够高的强度，而砂轮的高强度主要由高强度的结合剂来保证。

（3）结合剂的膨胀系数要与磨料等磨具组成的线膨胀系数相匹配。结合剂要与磨料的线膨胀系数尽量接近，不能相差太大，这样在磨具制造过程中受热作用时变化一致，从而保证磨料等组成与结合剂之间获得较牢固的结合，而不出现裂纹。因为超硬磨料的膨胀系数较小，所以结合剂要由低膨胀物质构成或由能形成低膨胀物质的相的物质构成。

（4）高温湿润性要好。结合剂对磨料的高温湿润性直接影响结合剂对磨料的把持强度，高温湿润性好，结合剂与磨料之间的结合好，结合剂对磨料的把持强度就高，所以结合剂与磨料必须有较好的高温湿润性，才能保证磨料和结合剂之间的良好黏结。

（5）结合剂与磨料之间应无明显的化学反应。如果结合剂与磨料之间发生化学反应，反应产生的气体不易排出，在磨料周围会产生气泡，影响结合剂对磨料的把持，另外对磨料表面结构及强度等性质有破坏作用。陶瓷结合剂超硬磨具是利用超硬磨料高硬度的特殊性能进行磨削的，为了保持超硬磨料原有强度和高硬度的性质，结合剂与磨料之间应无明显的化学反应。

（6）较好的导热性。磨削时产生的热量如果来不及传递转移，就会烧伤工件，结合剂最好具有较好的导热性，从而提高磨具整体的导热性。陶瓷结合剂虽然是热的不良导体，但在磨具中存在很多气孔，热量能很快分散出去，因此陶瓷磨具是磨削很多材料时的理想工具。

（7）具有良好的工艺性能。良好的工艺性能包括良好的成型性能，较高的干、湿坯强度，较小的收缩率，不易出现变形、开裂、发泡等废品。

［陶瓷结合剂制备过程］

一、陶瓷结合剂的配方设计

超硬材料磨具所用陶瓷结合剂由玻璃料和非玻璃料两部分组成，其中玻璃料占结合剂的大部分，含量约在75%～100%。预熔玻璃的性能直接影响着结合剂的性能，也是影响磨具各项性能的关键因素。

鉴于超硬磨料的物理性能，所设计的预熔玻璃料必须满足如下要求：其一是根据超硬磨料的热稳定性（金刚石的热稳定温度约800℃，cBN的热稳定温度约1250℃，但在800℃以上一些碱金属氧化物会强烈腐蚀cBN），设计耐火度较低的预熔玻璃料；其二根据超硬磨料的线膨胀系数，设计出与其膨胀系数比较相近的预熔玻璃，并且要求预熔玻璃料对磨粒有较强的把持能力。

通过上述分析基本上确定出适用于低温陶瓷结合剂的玻璃料的种类，根据玻璃料的种类要求，初步确定其配料组成及配比，然后计算出配料的化学成分，通过化学成分可以估算出玻璃料的有关性能。

1. 玻璃料熔制温度的计算

玻璃料的熔制温度及熔制速度主要由其化学组成决定，配料的化学组成不同，熔融温度也不相同。配料内的助熔性物料含量越多，表明配料中碱金属氧化物和碱土金属氧化物等总量对二氧化硅的比值越高，则配料越容易熔化。因此可以根据配混料的化学成分估算出玻璃熔制的熔融温度范围。

熔制前可以根据玻璃料的化学组成，运用沃尔夫（Volf）得出的关系式（式（8-11）～式（8-13））计算出玻璃熔制速度的经验常数τ。

含硼硅酸盐玻璃熔制速度常数的计算：

$$\tau = \frac{P_{SiO_2} + P_{Al_2O_3}}{P_{Na_2O} + P_{K_2O} + \frac{1}{2}P_{B_2O_3}} \tag{8-11}$$

含铅质玻璃熔制速度常数的计算：

$$\tau = \frac{P_{SiO_2}}{P_{Na_2O} + P_{K_2O} + 0.05P_{PbO}} \tag{8-12}$$

一般硅酸盐玻璃熔制速度常数的计算：

$$\tau = \frac{P_{SiO_2} + P_{Al_2O_3}}{P_{Na_2O} + P_{K_2O}} \tag{8-13}$$

式中，P_{SiO_2}、$P_{Al_2O_3}$、P_{Na_2O}、P_{K_2O}、$P_{B_2O_3}$、P_{PbO}为各氧化物在玻璃料中的质量分数。

以上各公式计算的 τ 值仅适用于从玻璃液形成到砂粒消失为止的阶段。τ 值越小，玻璃越容易熔制。τ 的数值还与一定的熔化温度相对应。表 8-2 为不同 τ 值时的熔制温度。

表 8-2　不同 τ 值所对应的熔制温度

τ 值	6.0	5.5	4.8	4.2	3.8
熔制温度/℃	1450 ~ 1460	1420	1380 ~ 1400	1320 ~ 1340	1260 ~ 1280

2. 结合剂性能的估算

依据化学成分对结合剂的性能进行预测，从而验证配料配比的可行性，减少试验的盲目性，提高试验的准确性。首先对结合剂的性能进行估算，主要估算的性能有：结合剂的耐火度、结合剂的线膨胀系数及结合剂的强度。

长期以来，陶瓷工作者为了掌握配合料制备的玻璃、釉料的性能，进行了大量的研究，并通过长期的试验数据总结出了许多经验公式，这些公式在一定程度上对人们开发陶瓷方面的新产品起到重要指导作用。但是在陶瓷结合剂磨具中，由于不同结合剂的结构比较复杂，其原料组成又多种多样，因此很难找到适用于某种性能计算的通用公式，但通过大量试验总结，找出了适用于一定范围内计算低温陶瓷结合剂的线膨胀系数、抗拉强度及耐火度的经验公式，利用这些公式可以预测结合剂的基本性能，从而对试验研究起到一定的指导作用。

（1）结合剂抗拉强度的计算公式。结合剂的组成以玻璃相存在，玻璃强度理论认为：玻璃的化学组成对其强度的贡献符合加法法则，即：

$$\sigma = \sigma_1 a_1 + \sigma_2 a_2 + \cdots + \sigma_i a_i \tag{8-14}$$

式中　σ——玻璃的抗拉强度，MPa；

σ_i——各氧化物强度的经验数值，MPa，见表 8-3；

a_i——组成中各氧化物的百分含量，%。

表 8-3 表明，在玻璃组成中，CaO、BaO、B_2O_3（15% 以下）、Al_2O_3、ZnO 等对强度的提高作用较大，MgO 等对强度的影响不大。成分中各氧化物对抗拉强度的提高作用顺序为：

$$CaO > B_2O_3 > BaO > Al_2O_3 > PbO > K_2O > Na_2O > (MgO、Fe_2O_3)$$

表 8-3 各氧化物的抗拉强度经验系数 （MPa）

氧化物	σ_i	氧化物	σ_i
SiO_2	0.90	CaO	2.00
B_2O_3	0.65	ZnO	1.50
Na_2O	0.20	BaO	0.50
K_2O	0.10	PbO	0.25
MgO	0.10	Al_2O_3	0.50

（2）结合剂的线膨胀系数计算公式。根据玻璃化学理论，玻璃的膨胀系数取决于其化学组成，并符合加合法则，即：

$$\alpha_{玻} = P_1\alpha_1 + P_2\alpha_2 + P_3\alpha_3 + \cdots + P_i\alpha_i \tag{8-15}$$

式中　P_i——玻璃中各氧化物的质量分数；

　　　α_i——各氧化物的经验膨胀系数（见表 8-4）。

表 8-4 各氧化物的经验膨胀系数

氧化物	α / K^{-1}	氧化物	α / K^{-1}
Li_2O	26.0×10^{-6}	PbO	$(10.0 \sim 19.0) \times 10^{-6}$
Na_2O	43.2×10^{-6}	B_2O_3	$(-5.0 \sim 15.0) \times 10^{-6}$
K_2O	39.0×10^{-6}	Al_2O_3	1.7×10^{-6}
BeO、BaO	4.5×10^{-6}	SiO_2	0.5×10^{-6}
MgO	6.0×10^{-6}	TiO_2	-2.5×10^{-6}
CaO	16.6×10^{-6}	ZrO_2	-10.0×10^{-6}
BaO	20.0×10^{-6}	ZnO	5.0×10^{-6}

（3）结合剂耐火度的计算。在磨具烧成温度下结合剂几乎全部或大部熔化，其性质接近玻璃的性质，根据熔融温度的经验公式，计算出结合剂的耐火度。

熔融温度系数计算公式为：

$$K = \frac{a_1 w_{a1} + a_2 w_{a2} + \cdots + a_i w_{ai}}{b_1 w_{b1} + b_2 w_{b2} + \cdots + b_i w_{bi}} \tag{8-16}$$

式中　a_1，a_2，$\cdots$，a_i——易熔氧化物熔融温度系数；

　　　b_1，b_2，$\cdots$，b_i——难熔氧化物熔融温度系数；

　　　w_{a1}，w_{a2}，$\cdots$，w_{ai}——易熔氧化物的质量分数；

　　　w_{b1}，w_{b2}，$\cdots$，w_{bi}——难熔氧化物的质量分数。

各氧化物的熔融温度系数见表 8-5。

表 8-5   组分中各氧化物的熔融温度系数

项目	易熔氧化物													
氧化物	NaF	B_2O_3	K_2O	Na_2O	CaF_2	ZnO	BaO	PbO	AlF_3	$NaSiF_6$	FeO	Fe_2O_3	CoO	NiO	MnO, MnO_2
系数 a	1.3	1.25	1.0	1.0	1.0	1.0	1.0	0.8	0.8	0.8	0.8	0.8	0.8	0.8	0.8

项目	易熔氧化物									难熔氧化物			
氧化物	Na_3SbO_3	MgO	Sb_2O_5	Cr_2O_3	Sb_2O_3	CaO	Al_2O_3（<0.3%）	Li_2O	Na_3AlF	SiO	Al_2O_3（>3%）	SnO	P_2O_5	ZrO_2
系数 a	0.65	0.6	0.6	0.6	0.5	0.5	0.3	1.0	1.0	1.0	1.2	1.67	1.9	1.3～1.5

根据上述已知条件，计算出结合剂的熔融温度系数 K，由表 8-6 查出相对应的熔融温度 T 即为结合剂的估算耐火度。

表 8-6 K 值与熔融温度 T 的对照表

K 值	1.10	1.00	0.98	0.94	0.90	0.86	0.82	0.78	0.74
$T/℃$	635	650	675	684	696	707	713	730	742
K 值	0.70	0.66	0.62	0.58	0.54	0.50	0.48	0.46	0.44
$T/℃$	753	765	776	788	800	811	817	830	850

二、陶瓷结合剂的制备工艺

陶瓷结合剂的制备流程如图 8-16 所示。

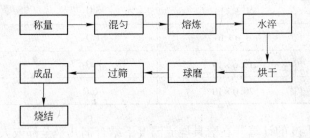

图 8-16   结合剂制备流程图

1. 称量原料

原料的配比直接影响结合剂的性能，称量时必须严格按照配方称量各组分物质，使用高灵敏度电子电平称量，含量较少的组分，要做到尽可能的精确。

2. 混匀原料

称量好的原料要混合均匀，防止结合剂局部成分偏离配方，形成富集区。将称量好的各组分倒入研钵，仔细研磨使之混合均匀。

3. 高温熔炼

将混匀的玻璃料放入坩埚，放入箱式炉进行高温熔炼。烧熔结合剂制造磨具的目的在于使结合剂呈现玻璃相微观结构,结合剂中如果出现微晶玻璃结构,能提高结合剂强度,如果出现较粗的结晶体,就会破坏玻璃组织的均匀性,使磨具产生微气孔、微裂纹等缺陷。所以我们采用高温冶炼结合剂,使各组成在高温下真正成为一体。

多种原料的结合剂在加热过程中,某些原料的新生化合物之间产生共熔而出现液相,然后就是催熔材料被熔融,液相量增多,继续加热,难熔固相全部转化为液相。因为组成结合剂的原料多为晶体结构,被加热时,晶格结点上的质点动能增加,振幅增大,质点间的结合力减弱,当达到该物质的熔点时,晶格被破坏而形成了液体,这是物质从晶体变为液体的根本原因。晶体的熔融并不是在熔点温度全部变为液体,而是需要一个过程,影响熔融速度的主要因素是温度,其次是晶体的颗粒度,温度越高,粒度越细,熔融速度越快。

4. 水淬

将熔融状态的玻璃料倒入水中急冷。其目的是使烧熔结合剂成为玻璃相微观结构,结合剂的烧熔冷却方式非常关键。冶炼过程中冷却速度的快慢会直接影响玻璃熔体的形成,冷却速度缓慢时,结合剂的熔体就容易产生晶核,并成长为晶体。因为熔体内的质点一般都有释放能量进行结晶的趋向,故冷却速度越慢,熔融结合剂内所生成的大结晶体越多;相反,如冷却速度很快,采用急冷的形式,熔体的黏度很快增大,晶核的形成及长大都受到阻碍,烧后的结合剂内绝大部分呈玻璃体。所以高温冶炼后要经过急冷处理。结合剂的主要成分都是玻璃体,在磨具的烧成过程中结合剂呈玻璃熔体,能把金刚石磨料牢固地结合在结合剂周围。

5. 破碎与过筛

熔炼后的结合剂,经烘干后是块状的玻璃,必须破碎成很细的粉末,才能用作结合剂。一般用球磨机来研磨,选用烧结刚玉球作研磨球,对结合剂进行破碎和粉磨,根据球磨机的破碎原理,直径大的刚玉球对结合剂的破碎能力强,直径小的刚玉球对结合剂的粉磨能力强,因此在对结合剂进行破碎时,不仅要确定结合剂与研磨球的比例,而且还应确定不同直径的刚玉球的量。一般来说结合剂与研磨球的质量比为 $1:1$ 到 $1.5:1$ 时研磨效率最高。根据结合剂的质量选择不同大小、合适质量的刚玉球进行研磨。研磨好的结合剂必须过筛。一般结合剂的粒度应能通过 280 目筛(即粒度小于 63×10^{-12} m)。过筛后的结合剂为结合剂成品。筛上的结合剂破碎不够,粒度较大,应再送入球磨机中研磨、过筛,得到结合剂成品。

6. 热压烧结

加压烧结,又称热压,是把粉末装在模腔内,在加压的同时将粉末加热到正常的烧结温度或更低一些,将压制和烧结两个工序一并完成,在较低压力下,经过较短时间烧结得到冷压烧结所达不到的致密而均匀的制品。其最大的优点就是可以大大地降低成型压力和缩短烧结时间,热压是一种强制的烧结过程,从这个意义上说,热压也是一种活化烧结,所以对粉末间的润湿性要求不是很高,并且在热压过程中,粉末塑性变形很大,使表面的氧化膜破碎,接触面积增大,进一步促进烧结,从而制得密度极高和晶粒极细的材料。

采用 SM-98 热压烧结机进行热压烧结,整个测温系统由非接触式光纤传感测温仪和智能温控表组成,将结合剂原料装入如图 8-17 所示的模具中,设定温度曲线及压力曲线后,由非接触测温仪测温，智能仪表自动控温，可实现自动烧结。

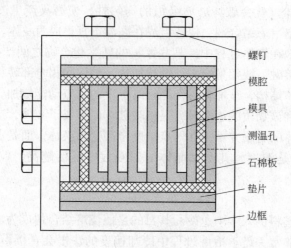

图 8-17　热压烧结装模示意图

［结合剂的性能检测］

一、结合剂耐火度的检测

1. 标准耐火度的测定方法

取少量熔炼并研磨好的结合剂（约 10g）加水和匀，放入三角锥模具中制成三角锥，待干燥后，放入耐火锥台中，与锥台面呈 80°角，用黏土加水和好的泥固定在锥台上，如图 8-18 所示。用以电阻丝作为加热元件的马弗炉作为加热源（电炉丝本身的温度远比其他加热元件如硅碳棒、硅钼棒等的温度低，因此电阻丝炉子的热辐射比其他加热元件如硅碳棒、硅钼棒等的热辐射小，炉内温度比较均匀），升温速度 100℃/h，在锥倒前注意观察并做好记录，将试样锥弯倒情况分别与接近的标准锥相比较，等锥倒时记录温度，这时的温度可视为结合剂的耐火度。

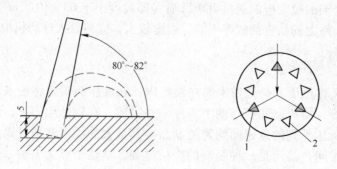

图 8-18　耐火度测量装置示意图
1—标准锥；2—待测锥

2. 简易耐火度的测定方法

根据耐火度的测量原理，可用一种较为简单的方法测试结合剂的耐火度。

将干燥的耐火度冷压试样条按图 8-19 所示方式放置，其中，垫片的高度约为试样条长度的 1/2。将其置于电阻炉炉膛中央位置，阶梯升温，每隔 50℃ 观察一次，取冷压条发生深度弯曲并与耐火砖平面接触的温度为结合剂的耐火度。

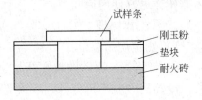

图 8-19　简易耐火度的测定示意图

二、结合剂高温润湿性测试

1. "座滴法"测量润湿性原理

浸润性的好坏用浸润角来衡量，浸润角采用"座滴法"原理进行测量，见图 8-20，浸润角用符号 θ 表示。图 8-20a 中结合剂沿磨料表面"爬坡"状，结合剂对磨料的浸润性良好，浸润角 $\theta < 15°$；图 8-20b 中结剂呈水平状，结合剂对磨料的浸润性比较好，浸润角在 $15° \sim 45°$ 之间；图 8-20c 中结合剂与磨料结合处呈凹状，浸润角 θ 成 $90°$ 直角；图 8-20d 中结合剂与磨料合处也呈凹状，但浸润角 $\theta > 90°$，为钝角。图 8-20a、b 中结合剂与金刚石的浸润性良好，图 8-20c、d 所示两种情况则是结合剂对金刚石的浸润比较差。

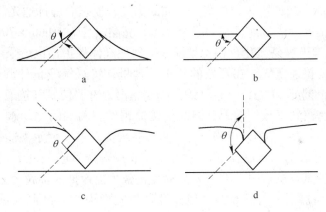

图 8-20　浸润角的测量原理图

2. 影像烧结仪的组成及简单原理

（1）仪器的组成。本仪器由光源、钼丝炉、投影装置、电气控制箱、制样器五部分组成。

1）采用 12V、30W 光源灯泡发光，经聚光镜片聚光，整个装置在三角形导轨上，根据需要可前后移动，聚光筒上下左右亦可进行调整。

2）加热采用以钼丝为发热元件的管式电阻炉，用氩气保护发热元件不过快氧化，最高炉温可达 1700℃。升温速度可手动、自动调节，炉膛试验区的温度梯度为 ±15℃。

3）投影部分：来自聚光镜的平行光线，通过炉膛，将炉膛内的试样投影到投影部分的放大镜头上。经棱镜折射到平镜上来，再由平镜反射到乳白毛玻璃的镜屏上，试验人员从而可清晰地看到炉内试样随温度变化而产生的收缩、膨胀、钝化及完全球化的投影图像。

4）电气部分：采用智能温控仪 AL810 进行控制，使其升温速度得到很好的保证，具体操作详见其使用说明书。

（2）工作原理。

1）测定烧结温度：

① 目测法：原砂颗粒在开始烧结时，表面及内部易熔成分熔融，颗粒间发生黏结现象，冷却后砂粒不再分开，表面光亮。据此确认为烧结点温度。

② 图像收缩法：在高温时，由原子运动引起的颗粒间接触处数量和质量的变化称为烧结，这导致了系统的致密和强固，此时伴有体积（或局部）的微小收缩。当图像出现收缩时，该温度即可确认为烧结起始温度。

2）测耐火度（熔融温度）：当材料熔融时，物体已不能保持原来的形状，从而在该温度下轮廓形状发生了很大的变化，原来投影呈矩形状，直角钝化，由矩形变成半球形。出现钝化、图形变圆时的温度即可确认为熔融温度或耐火度。

（3）操作步骤。仪器出厂时，各部分已作调整，使用时只需按下列程序进行安装操作。

1）仪器主体：

① 把投影装置、钼丝炉、聚光镜安装在三角形导轨上，使投影装置前端镜面至炉壳中心的距离为260mm，调整钼丝炉与聚光镜筒的高度，使三个部件通光部分在同一光轴线上，使光源能在投影屏上清楚地呈现为一个亮圈，亮圈尺寸为70mm×70mm。

② 因钼丝在高温下极易氧化，钼丝炉要采用惰性气体保护，该炉采用氩气保护。

在升温时，先要接通氩气，在开始的几十分钟里，将氩气流量计调至刻度40处，以后可将流量减小至刻度20处，一直将炉温降至室温，都要使氩气接通。

为保证炉管内密封料不致烧损，升温时要接通钼丝炉两端的冷却水，炉温达700℃之前，冷却水流量要小一些；700～1700℃时，水流量要大一些，使水温能保持在25℃即可。

③ 试样放置：升温前，将制样器作好的试样放在陶瓷片或铂片上，缓慢推入炉膛中心。当用目测方法测试烧结点时，在需要的温度将瓷片徐徐推入炉膛中心即可。

④ 将试样推入炉膛后，打开光源，使光源灯丝图像中心全部照在试样上，在投影屏上清晰现出试样投影像即可。

⑤ 使用投影装置观察炉内试样时，在升温前可将电炉与光源、投影装置调整在一条光轴线上，以得到清晰的投影图像，也可使投影物镜筒沿筒作前后调整。在升温过程中就不要再调整，否则就使图像失去了对比依据。

调整方法为：

第一，当出现偏左或偏右时，调整电炉的升降手柄使其上下移动，便可使图像停留在中间正确的位置。

第二，当出现偏上或偏下时，调整电炉的前后位置（与光轴垂直方向）移动小手柄便可使电炉移动，以便图像停在合适位置。

第三，当调整垂直手柄或前后移动小手柄后，灯光源也须作一些相应调整，以得到清晰的投影图像为适。

⑥ 为保护炉管不受损，使用寿命不受影响，试验时需注意勿使试样掉进炉管。

2）电气箱：

① 接好电源、电炉、光源和热电偶等连线。

② 将 AL810 仪表的"手动-自动"参数开关调到"手动",由 AL810 的 A/M 键控制大小,调节上下键数字增减,电流变化。开始以电流表指示在 10A 左右的电流进行预热 5min,然后根据需要慢慢调大,但电流表上的指示不得超过 24A。如果旋至最大,电流仍然不能到达 24A,则可将可控硅触发板右上角的反馈电位器逆时针方向微调一点,减少反馈,即可达到。

③ 仪器的基本操作及温控仪参见相应的说明书。安装好仪器后,"自动-手动"转换开关打到"手动",手动参数显示为零,此时方可合上总电源。打开仪器电源开关,整机上电,慢慢增加数字,使电炉电流保持在 10A 左右预热 5min,即可慢慢增加电流,提高升温速度,但最大手动电流最好不超过 24A。电炉发热材料为钼丝,温度-电阻特性较差,在低温时应特别注意,钼丝电阻接近为零,很小的电压即会产生很大的电流,注意不要因过流而损坏可控硅及发热元件。随着温度的升高,电阻越来越大,需增大电压,才能维持相应电流。温度较高时,请注意电炉接通氩气及循环水,以保护钼丝及保温材料。亦可用温控仪控温,该表有"自动"及"手动"两种方式,请熟悉此仪表后再使用。使用前,先将最大输出功率 HPL 下调为零,将温控仪设定在手动输出方式,此时再增加最大输出功率 HPL 至 35 左右,慢慢增加手动输出功率,手按住▲键数字会迅速增大,松开才有效,开机时宜点动增加,以免过流;在温度升到 400~700℃ 以后,可以转为"自动"。设定好相应的升温曲线及相关参数后,将手动电流调至 24A,观察此时的输出功率,将 HPL 下调至手动时的输出功率,此时即可转为自动升温过程中,如需修改参数,即可设定为暂定状态,待修改完再转为运行状态,如在停止状态修改参数则会从开头重新进入升温曲线,升温过程中如果升温速度跟不上,请加大输出功率 HPL。实验结束后,请将最大输出功率 HPL 下调为零,将"自动-手动"开关转为"手动",将手动调节旋钮逆时针旋到最小,待温度降低到较低时,可以关闭气源、水源和电源。

④ 在需要调整和观察试样的投影图像时,可按下"光源"键,观察完后随即关掉光源。

⑤ 实验做完后必须先将电流慢慢调至零,把电源开关拨至"关"位置(使控制箱恢复到开机前状态,以免下次通电时发生故障)再断电拉闸。

3. 高温润湿性测定

(1) 将结合剂加少量水调成糊状。

(2) 在一平坦的陶瓷片上均匀涂上厚度适中的糊状结合剂,放入炉中升至预定温度,保温 2h 后随炉冷却。

(3) 将金刚石或 cBN 均匀分散地撒在熔融的结合剂表面(熔融结合剂层的厚度不得超过金刚石高度的 2/3)。小心放入炉中,再次升温至步骤(2)中的温度,保温 2h 后随炉冷却。

(4) 在显微图像分析系统下观察结合剂对金刚石或 cBN 的浸润性。

(5) 用量角器量出不同温度下结合剂与磨粒之间的浸润角。

三、结合剂线膨胀系数的测定

1. 线膨胀系数测试原理

固体在某个方向上的长度随温度的升高而增长的现象叫做线膨胀,它可以用线膨胀系数来进行度量。

线膨胀系数的定义为当物体温度上升1℃时其长度的相对变化:

$$\alpha = \frac{1}{L_0} \cdot \frac{\Delta L}{\Delta T} \tag{8-17}$$

式中 α——线膨胀系数,1/℃;

  L_0——试样在初始温度时的长度,mm;

  ΔL——在 ΔT 温度内所对应的伸长量,mm;

  ΔT——计算时所选择的温度差,℃。

2. 线膨胀系数的测定

(1)试样尺寸。圆柱体的尺寸为 $\phi(6\sim8)$ mm $\times50$mm;方形体 $(6\sim8)$ mm $\times(6\sim8)$ $\times50$mm。

(2)制样制备:

1)型壳材料试样:用专用模具压制蜡模,按型壳工艺涂挂试样,脱蜡后在 350 ~ 400℃烧烤保温 1h,去除残余模料,随炉冷却。试样如果需要进行焙烧,可免去烘烤。

2)陶芯材料试样:用专用模具压制陶芯,按陶芯烧制工艺烧制试样(300℃保温 2h,500℃保温 1h,900℃保温 1h,最后升温至 1150℃保温 2h,然后随炉冷却)。

3)用户可根据自己的工艺要求制作试样。

(3)测试步骤为:

1)将基座安放水平,调整炉腔的位置,使炉腔与试样管相对运动自如,防止相互擦、碰。调整、移动炉腔时要缓慢,以防损坏炉腔和试样。将炉腔固定在小车上,再调整定位脚在导轨上的位置,使小车靠在定位脚处,固紧定位脚,保证测试时试样处于炉腔均温区之中。

2)当测试杆和试样接触后,位移显示可能不指示零位,计算机可以自动记录零点位移,作为起始位移参与运算。

3)检查设备各部分的连线及智能仪表设置是否正常,检查实验所测参数及工艺是否符合设备要求等。确认各仪表各性能正常,将冷却水通入导支套及水冷端盖。炉温在700℃以下,通入导支套及端盖的冷却水流量要小些,使导支套出水温度在室温附近即可。

注意:连接电炉的电线端子一定要接触良好,并将仪表的地线接入实验场所地线(或水管),减少系统的感应电,以保护计算机可靠工作及数据的正常传送。

4)打开电源,检查智能表 518P 基本参数的设置,连接计算机,使计算机系统处于程序运行用户界面,按操作步骤进行。实验开始,出现曲线运行界面。然后按下"启动"按钮,使系统进入测试状态。此时计算机显示时间为实验时间(可人工记录时间),根据用户要求可以设置恒温区段,完成实验后进行试样结果分析,可对测试数据进行自动分析,亦可人工分析,并输出实验结果报告。

5)通过计算机可以对测试的数据建立用户需要的数据库,并对数据库进行相关的操作。

6)膨胀系数计算方法为:试样升温达到测试温度后,根据显示结果可以实现人工计算和计算机自动处理。计算机测试的结果为整个过程温度点的试样膨胀系数,根据输出结果，选择所需要的点。

线膨胀百分率计算公式：

$$\delta = \frac{\Delta L_T - K_T}{L} \times 100\% \tag{8-18}$$

平均线膨胀系数计算公式：

$$\alpha = \frac{\Delta L_T - K_T}{L(T - T_0)} \tag{8-19}$$

式中，L 为试样室温时的长度，μm；K_T 为测试系统在温度 T 时的补偿值，μm；T 为试样加热温度，℃；T_0 为试样加热前的室温，℃；ΔL_T 为试样加热至温度 T 时测得的线变量即记录值，μm。

仪器的补偿值 K_T 需要用户自己预先测定和计算，可以通过计算机系统专用程序测试完成。求补偿值 K_T 方法是：1000℃以下用石英标样；1000℃以上用高纯刚玉标样作试样，进行升温测试，记录出标样测试曲线，曲线中包括了标样、试样管及测试杆的综合膨胀值。而补偿值 K_T 应只是试样管及测试杆在相应温度下的综合膨胀值，所以应将标样在相应温度下的膨胀值从测试数据中相应温度下的膨胀量中扣除后剩下的膨胀量即为仪器在相应温度下的补偿 K_T。而标样的膨胀系数是已知的，计算机系统建立相应的数据库，对于不同的标样，用户自己应填充该数据库。

$$K_T = \Delta L_{T标} - \alpha_标 \times L_标 \times (T - T_0) \tag{8-20}$$

石英标样的膨胀系数取样平均值为 $0.55 \times 10^{-6}℃^{-1}$。

例：若用该仪器测试 1400℃时的补偿值 K_{1400}，用刚玉标样升温，升温前标样 $L_标 = 50.1mm$，从室温 $T_0 = 20℃$ 升温至 1400℃时，记录 $\Delta L_{1400标} = 0.11mm$，已知 1400℃时刚玉的平均线膨胀系数 $\alpha_标 = 8.623 \times 10^{-6}℃^{-1}$，则：

$$\begin{aligned}
K_{1400} &= \Delta L_{1400标} - \alpha_标 \times L_标(1400 - 20) \\
&= 0.11 - 8.623 \times 10^{-6} \times 50.1 \times 1380 \\
&= 0.11 - 0.596 \\
&= -0.486(mm)
\end{aligned}$$

四、结合剂抗折强度的测定

磨具在磨削时，同时受到弯曲应力、拉伸应力及冲击应力作用，抗折强度表示磨具受到弯曲应力作用时不被破坏的最大受力值。结合剂性能对磨具的抗折强度的影响与抗拉强度相同，具有同样的升降趋势。

1. 抗折强度测试原理

抗折强度试条受力见图 8-21。

根据材料力学原理，有下面的公式：

$$\sigma = \frac{3PL}{2bh^2} \tag{8-21}$$

式中　σ——抗折强度，MPa；

P——试条折断时负载，N；

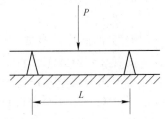

图 8-21　抗折实验简图

b——试条宽度，mm；

L——两支点间距离，mm；

h——试条高度，mm。

2. 实验步骤

（1）试样制备：将已熔制好的玻璃粉末添加适量的临时黏结剂（一般为糊精液），经过冷压成型、干燥、烧结得到长方形的试样。要求数量在 3~5 根。试样必须研磨平整，不允许存在制作造成的明显缺边或裂纹，试验前必须将试样表面的杂质颗粒消除干净。试样尺寸的选择是以试验作基础的，尽量采用宽厚比为 1：1 的试样，这类试样的强度最大，分散性较小。一般跨距在 65mm 以上，小试样测试时需使用辅助支架。

（2）测试前必须清除夹具圆柱刀口表面上的黏附物，并使杠杆在无负荷情况下呈平衡状态。

（3）安放试样，使试样长棱与刀口垂直，两支撑刀口与试样端面的距离相等，对于施釉制品，以着釉面作受力面。

（4）测量试样折断处厚度和宽度，精确到 0.10mm。

（5）计算试样的抗折强度。

五、结合剂试块硬度的测定

1. 显微硬度测试原理

硬度是材料的表面层抵抗小尺寸物体所传递的压缩力而不变形的能力。通常矿物的宏观硬度按十级标准用莫氏硬度计确定。在莫氏硬度的等级排序中，每一种硬度高的矿物，都能用其尖刻伤前面的矿物。但因为莫氏硬度的等级极不均衡，通常除用莫氏硬度测定陶瓷釉面的硬度外，常用显微硬度计测定陶瓷硬度。显微硬度试验是一种微观的静态试验方法。最常见的显微硬度计有维氏和克（努）氏两种，如图 8-22 所示。

维氏显微硬度计的测试原理为：用一台立式反光显微镜测出在一定负荷下由金刚石锥体压头压入被测物后所残留的压痕的对角线长度，从而来求出被测物的硬度。

显微硬度计算公式，维氏硬度计中金刚石为正方形锥体，相对夹角 $\alpha = 136°(\pm 20')$，其硬度为：

$$HV = \alpha \sin(\alpha/2) \cdot 2P/d^2$$

$$= 1854.4P/d^2 \qquad (8\text{-}22)$$

式中 P——施于金刚石角锥体上的荷重；

d——压痕对角线的长度，μm。

2. 实验步骤

（1）安置试样：按要求选择适当的装夹试样工具，并安置在仪器的工作台上。打开显示器左侧的开关，并将工作台移至左端。

（2）调焦：由于显微硬度计的物镜倍数高，而高倍物镜的景深比较小，仅为 1~2μm，因此不熟练的使用者找像比较困难。切勿在未熟练操作之前，就用

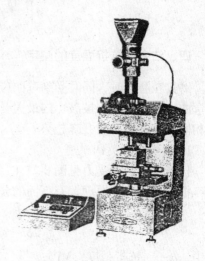

图 8-22　显微硬度计示意图

此仪器来测定针尖之类的试样，否则有可能在调焦时将物镜顶坏。为此，可以先找一块比较平整，而粗糙度不太高的试样进行训练。先将试样调到与物镜端面近似于接触位置，再将手轮反转，往下调约一圈，再往上略微调节手轮，在视场内可见到试样的表面像。当操作熟练以后，就可以直接调焦。先转动手柄使试样升高至离物镜面约 1mm 处，随后缓慢转动手轮，可以看到视场逐渐变得明亮，先看到模糊的灯丝像，然后再看到试样的表面像，直到调至最清晰为止。若发现测微目镜内十字叉线不清晰的话，应先调节视度调节圈。对于不同的操作者，由于视度不一致，因此需旋动视度调节圈，患有近视眼的操作者应往里调，远视眼则相反，直到调至最清晰位置，再进行调焦。

（3）转动工作台上的纵横向微分筒，在视场里找出试样的需测试部位。

（4）扳动手柄使工作台移至右端，这时试样从显微镜视场中移到了加荷机构的金刚石角锥体压头下面（注意移动时必须缓慢而平稳，不能有冲击，以免试样走动）。

（5）加荷：选择一个保持载荷时间（一般为 15～30s），再按下电动机启动按键进行加荷，当显示载荷保持时间的数码管开始减小时，表示负荷已加上，至数码管中出现"0"或"1"，电动机自动启动进行卸荷，卸荷完毕后数码管中又回复原来的数字。

（6）加荷完毕后将工作台扳回原来位置，进行测定。

（7）需要精确地测定指定点的硬度的话，可以先试打一点。在理想的情况下，压痕应落在视场的中心位置，但往往压痕与视场中心有一个偏离，若偏离不大，则是允许的。试打后，记下压痕与叉丝的偏离大小与方向，然后打定点以此位置为准。有时为了精确地打定点，可将测目镜转过一个角度，并旋动测微鼓轮，使叉线中心与试打的压痕中心重合，以后再打的压痕就会落在分划板的叉线中心。在确定压痕位置时切不可旋动工作台的测微螺杆，以免变动压痕的原始位置。

（8）硬度测定：

1）瞄准：调节工作台上的纵横向微分筒和测微目镜左右两侧的手轮，使压痕的棱边和目镜中交叉线精确地重合，如图 8-23 所示。若测微目镜内的叉线与压痕不平行，则可转动测微目镜使之平行。有时棱边不是一条理想的直线，而是一条曲线，瞄准时应以顶点为准。

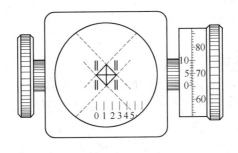

图 8-23　测微目镜瞄准示意图

2）读数：视场内见至 0，1，2，…，8，单位是 mm，读数鼓轮刻有一百等分的刻线，每格为 0.01mm，每转一圈为 100 格，视场内双线连同叉线移动一格；读数鼓轮旁边到有游标，每格数为 0.001mm；因此总共可以读得 4 位数，即精确到 0.000mm。

若在视场中看到压痕不是正方形的，那么应将测微目镜转过 90°重复上述方法，读得另一对角线的长度。两个不等的对角线的平均值即为等效正方形的对角线长。

3）求对角线的实际长度：

① 从测微目镜读取的值是通过物镜的放大的值，压痕对角线的实际长度为：

$$d = N/V$$

式中　d——压痕对角线的实际长度；

　　　N——测微目镜上测得的对角线长度；

　　　V——物镜放大倍率，本机所用的物镜倍率已经修整为 40 倍。

图 8-23 中压痕的对角线实际长度 d 为：

$$d = 2.659/40 = 0.06659(\text{mm}) = 66.5(\mu\text{m})$$

② 压痕对角线的实际长度还可以用另一种打法求得：

先求测微目镜的格值，然后，将测微目镜上测得的对角线长度的格数与格值数相乘就得到压痕对角线的实际长度：

$$测微目镜格值 = \frac{读数鼓转过 1 小格时分划板移动的实际长度}{物镜放大倍率}$$

图 8-23 中压痕的对角线实际长度 d 为：

$$d = 0.25 \times 265.9 = 66.5(\mu\text{m})$$

4）查表求值：根据对角线长度，查硬度值表，得出试样的硬度值。

[课程要求]

一、课程要求

（1）分组。学生按照 4~5 人为一组，自由分组。

（2）确定结合剂类型。在下列四种结合剂中任选一种作为所要设计的结合剂：

1）金刚石磨具用陶瓷结合剂。

2）金刚石磨具用微晶玻璃结合剂。

3）cBN 磨具用陶瓷结合剂。

4）cBN 磨具用微晶玻璃结合剂。

（3）设计结合剂配方。查阅文献，根据超硬磨具结合剂的要求设计结合剂配方，确定结合剂成分及各成分的含量，给出结合剂中各成分的选用依据，明确各成分在结合剂中的作用。

（4）设计实验方案。学生自行设计实验方案，给出实验流程及各实验步骤的参数。

（5）实验结果分析。对实验结果进行综合分析，分析结合剂配方的优点和不足，对不足部分给出改进方案。

二、实验室可提供的试剂及药品

氧化铝、硼酸、石英、氧化锌、氧化铅、氧化锂、碳酸钠、碳酸钾、氧化钛等。

三、实验室可提供的仪器设备

实验室可提供的仪器设备如表 8-7 所示。

表 8-7 实验室可提供仪器设备

仪器名称	主要技术参数	主要用途
WSJ205-4 电子天平	量程：0～150g； 灵敏度：0.001g	称量
KL-16C 型高温电炉	硅钼棒电炉； 最高温度：1600℃	加热设备
XM-4×05 型行星球磨机	球磨罐容积：100g×4，0.5L×4； 转盘(公转)：$N_2 = \pm(60～420)$r/min； 球磨罐自传：$N_3 = \pm(60～420)$r/min	颗粒粉碎 混料 机械合金化
标准筛	25～400 目	颗粒筛分
SM-98A 型热压烧结机	最高温度：1100℃； 最高压力：150kN	热压烧结
SJY-2 型影像式烧结点试验仪	最高温度：1700℃； 影像放大倍率：8～9 倍； 试样最大尺寸：$\phi6mm×8mm$； 真空度极限：-0.1MPa	烧结过程观察
PCY-Ⅲ-1000 型热膨胀仪	最高炉温：1000℃； 测量范围与误差：0～5mm，±0.1%； 控温精度：±1℃； 测量膨胀值分辨率：1μm	线膨胀系数测定
KZY-5000 型电动抗折仪	最大载荷：5000N； 误差：不大于 1%； 加荷：(50±5)N/s	抗折强度测定
HVS-1000 型显微硬度计	试验力：0.098N，0.246N，0.49N，0.98N，1.96N，2.94N，4.90N，9.80N； 放大倍率：100×（观察时），400×（测量时）； 测微压痕最小分辨率：0.025μm； 试件最大高度：65mm 最大宽度：85mm	显微硬度测定

[思考题]

（1）陶瓷结合剂性能主要包含哪些性能指标？有何意义？

（2）确定结合剂配方过程中应该考虑哪些方面的影响因素？

（3）综合分析实验结果，针对结果分析结合剂配方的优点和不足，并提出改进方案。

实验 20　金属结合剂金刚石工具制备及性能检测

[实验目的]

（1）掌握金属结合剂各组分的性能及作用。

（2）掌握金属结合剂配方的设计原则及方法。

（3）了解热压烧结模具组装和填料方法。

（4）掌握金属结合剂金刚石工具的烧结工艺及烧结参数设置。

（5）掌握金属结合剂胎体及工具的主要性能及检测方法。

[实验原理及方法]

金属结合剂金刚石工具是采用粉末冶金方法将细小颗粒金刚石与金属粉末热压烧结而成的复合材料烧结体。金刚石工具一般由基体、过渡层和工作层三部分组成。基体起着承载工作层的作用。过渡层由结合剂和其他材料组成，是牢固连接基体和金刚石层的中间层，以保证工作层的完全使用。工作层由金刚石、结合剂和气孔组成，是金刚石工具起磨削作用的主要部分。

一、金属结合剂配方的设计原理

1. 配方设计的宗旨和依据

金属结合剂金刚石工具的配方设计，也像其他金刚石工具的设计一样，追求的总目标是：技术先进，经济合理。为了达到这样的目标，需要进行综合性的技术经济评估和可行性研究。技术上的可行性研究，主要考虑所设计的磨具是否具有优良的制造性能和使用性能，是否能够适合生产厂的现实条件和满足用户提出的磨削加工要求。经济上的可行性研究，则要从工具制造成本和使用过程中的磨削加工费用两方面考虑。

磨削加工工件的材质、磨削加工方式和加工质量要求，是金刚石工具配方设计的重要依据。在磨削加工中，只有在工具性能与加工材质、加工方式相适应的条件下，才能取得比较理想的效果。因此，必须掌握上述这些情况，才能据此进行磨具配方设计。

当磨具应具备的性能确定之后，设计者的任务就是从原材料配方和生产工艺方面出发，考虑如何使磨具满足所提出的性能要求。因此，各种原材料的性能及所起的作用，以及制造工艺对磨具的组织和性能的影响，是配方设计的另一方面的重要依据。

2. 配方设计的任务

配方设计要完成的任务，或者说配方设计工作的基本内容，主要是选择各种适用的原材料并确定适当的配比，同时还要确定相应的制造工艺参数。

金属结合剂金刚石工具的原材料，除了钢质基体外，主要包括金刚石磨料、金属结合剂、非金属粉末添加成分以及润湿剂四类。磨具需用的原材料及其性能和用量，都要根据加工对象、加工方式、加工质量的要求来选择和确定。下面扼要列举配方设计要完成的几项主要工作。

（1）确定金刚石磨料的品种及浓度。不同品种的金刚石适用于加工不同的材质，这是一项基本原则。关于金刚石粒度和用量（即浓度）的选择，一般原则是粗磨、高切除率的磨削，要求粗粒度和高浓度；而细粒度和低浓度则适用于精磨。高光洁度磨削时，对金刚石的粒度组成要求比较严格，特别是不允许混入个别大粒。

（2）确定结合剂的成分及配比。结合剂配比设计是配方设计中一项极其重要的基本工作，其主要遵循以下两个原则：

1）结合剂的组成和性能应与金刚石磨料的品种和性能相适应。结合剂与磨料的品种、性能要互相配合，这是配方设计的一条重要原则，已经成为基本常识。例如国外的 CDA 系列和 RVG 系列，我国的 RVD 低强度金刚石，只适用于树脂结合剂磨具；MDA、MBG、MBD 等各系列的中强度金刚石，则适用于青铜结合剂磨具；MBS、SDA、SMD 等各系列的高强度金刚石，适合与钴基合金、铁基合金、钨基合金或硬质合金结合剂相配合，用于制造硬质石材锯片和地质钻头。

就青铜结合剂而言，其组织和性能（如强度、硬度、脆性、耐热性等）也随着青铜中各种成分及其含量的改变以及成型烧结工艺条件的不同，而呈现出相当大的差别。因此，不同类型的青铜结合剂也要与中强度系列中的不同牌号的金刚石品种相配合。例如铜锡二元合金一般配以 MBD4，三元及更多元合金则配以 MBD6、MBD8 等。

2）结合剂的组成和性能应与加工材质和加工方式相适应。加工硬质合金可用强度较低的脆青铜结合剂；加工玻璃、陶瓷则要用强度和硬度较高的多元青铜结合剂。一般平面磨和外圆磨可用强度较低的普通锡青铜结合剂；在强力磨削和深切入磨削时，则需要使用强度较高、导热性和耐热性好的多元合金系结合剂，这时往往要在 Cu-Sn 合金中添加一定量的银、镍，有时还要添加少量的钼、铍、钨、钛等金属，以便提高结合剂的强度指标（抗拉强度、抗弯强度等）和改善热学性能。

复杂合金总是比简单合金具有更好的力学性能，高强度、高硬度及超高强度、超高硬度的合金总是具有复杂的化学成分。因此，加工条件苛刻、要求高的磨具，一般都采用多元合金系结合剂。

（3）确定适当的磨具组织。磨具组织的三要素是磨料、结合剂和气孔。气孔率的大小和气孔的分布形态，是磨具组织特性的标志。

磨具组织是影响磨具强度和磨削性能的重要因素。一般的规律是：组织致密，则强度高、硬度高、耐磨性好、几何形状保持性好，但磨削时的冷却润滑性能差，容易产生发热烧伤和堵塞现象。反之，疏松的组织则有相反的效果。

一般来说，疏松的组织适合于大面积、大磨除量、高效率磨削加工的场合；而在成型磨削、切入磨削和坚硬难磨材料磨削时，要求磨具组织比较紧密，这时的磨具设计需要注意防止磨削堵塞和烧伤。

在原材料确定之后，磨具组织的致密程度主要取决于其制造工艺。要确定磨具的组织，必须进行成型和烧结试验。因此，需要指出，在设计配方时，单纯考虑配料比而忽视与之有关的工艺是片面的。

（4）金属结合剂中润湿剂、临时黏结剂、润滑剂的应用。

1）润湿剂和临时黏结剂。在金刚石与结合剂混合、装模进行热压烧结时，还需要加入润湿剂和临时黏结剂。润湿剂有很多种，常用的有蒸馏水、浓度在 3% 左右的硼砂（$Na_2B_4O_7 \cdot 10H_2O$）水溶液、聚乙烯醇水溶液等。其中聚乙烯醇水溶液的效果最好，它既是润湿剂也是比较理想的临时黏结剂。

润湿剂和临时黏结剂有两种功能。一种功能是促使金刚石与结合剂混合均匀，防止层析。组成结合剂的金属密度往往比金刚石大几倍，如果不加润湿剂，结合剂与金刚石就难以混合均匀，即使混匀了，在装料、摊料、刮料过程中，或者在震动时，都会重新离析分层（轻料浮在上面，重料沉在下面）。加入润湿剂后各种粉末颗粒表面被润湿，颗粒之间通过润湿剂产生了临时黏结作用。这种作用尽管微弱，但足以防止各种粉末由于密度不同而发生离析分层现象。因此，金刚石磨料就可以均匀地分散在结合剂之中。

润湿剂及临时黏结剂的另一种功能就是改善成型料的压制性能。粉状物料经润湿后，流动性得到提高，从而改善了压实性。同时，由于润湿剂的临时黏结作用，粉末容易压制成型，压坯强度提高，这对冷压成型尤为重要。

可见，除了磨料和结合剂之外，润湿剂也是金属结合剂配方中不可缺少的部分。润湿剂的用量一般不大，一般以金刚石在结合剂中不发生离析为限。润湿剂过多或过少，都会使粉末流动性下降。根据生产实践经验，润湿剂的加入量为金刚石质量的 2%～3% 为宜。

2）润滑剂。润滑剂的使用主要与冷压成型有关，因此润滑剂也叫成型剂。常用的润滑剂有石墨粉、二硫化钼、石蜡溶液、硬脂酸锂、硬脂酸锌等。

润滑剂在成型过程中的作用表现在两个方面。一方面，在成型模具与成型料之间起润滑作用，降低两者之间的摩擦阻力。在成型时先在模套内壁和模芯外壁的四周擦上一层润滑剂，就是起这种润滑作用。这是润滑剂也叫脱模剂。另一方面，润滑剂在粉末颗粒之间起润滑作用，降低粉末颗粒之间的摩擦阻力，从而改善粉末的压制性能。

总之，适量的润滑剂可以改善粉末的压制性能，提高压坯强度和密度，并易于脱模；但用量不当，也会引起不良后果。

3. 金属结合剂中主要元素的作用

金属结合剂金刚石工具中常用的金属元素有黏结金属元素、增强金属元素、骨架材料元素及合金等。常用的黏结金属有 Cu、Sn 等，增强金属有 Ni、Mn、Co、Fe 等，W、WC、W2C、SiC 以骨架材料加入。表 8-8 为主要金属元素的性能参数。

黏结金属及增强金属的主要作用是黏结和支撑金刚石，使其在各种工况下不至于过早脱落。要求具有良好的压制成型性、可烧结性，对金刚石和骨架材料有好的润湿性，烧结胎体有一定的韧性和耐磨性。黏结金属混合粉在烧结过程中，能通过一定量液相的产生和扩散作用进行合金化，形成固溶体、化合物和中间相，使黏结金属和金刚石之间产生适当的黏结。最理想的情况是黏结金属和金刚石间有较高的附着功。或者在金属和金刚石界面上发生碳化物形成反应，从而降低界面张力，实现胎体和金刚石间具有足够的黏结强度。

表 8-8　主要金属元素的性能参数

元　素	相对原子质量	密度/g·cm^{-3}	熔点/℃	溶解热/cal·g^{-1}	电阻率/μΩ·cm	晶体结构
Cu	63.54	8.96	1083	50.60	7.67	面心立方
Ni	58.69	8.90	1455	74.00	6.84	面心立方
Mn	54.93	7.43	1245	64.00	18.50	面心立方
Co	58.93	8.90	1495	58.40	6.24	密排六方
Fe	55.85	7.87	1535	65.00	9.71	体心立方
Al	26.98	2.70	660	94.60	2.65	面心立方
Zn	65.38	7.13	419.46	24.10	5.92	密排六方
Sn	118.69	7.30	231.90	14.50	11.50	体心立方
Pb	207.20	11.34	327.40	6.30	20.65	面心立方
Si	28.09	2.33	1430	33.70	10^5	金刚石立方
W	183.85	19.30	3300	44.00	5.50	体心立方
Mo	95.94	10.20	2607	70.00	5.17	体心立方

铜（Cu）在结合剂中的行为。在金属结合剂金刚石工具中，应用最多的金属是铜和铜基合金。铜和铜基合金之所以应用如此之广，是因为铜基结合剂有满意的综合性能，较低的烧结温度，好的成型性和可烧结性及与其他元素的相容性。

虽然铜对金刚石几乎不润湿，可某些元素与铜的合金能使其对金刚石的润湿性得到大幅度的改善，并可以大大降低铜合金对金刚石的润湿角。

铜在铁中的溶解度不高，在 α-Fe 中溶解度为 2.13%，铁中过量的铜会急剧降低热加工性，使钢铁材料发生龟裂。另外，Cu 与 Ni、Co、Mn、Sn、Zn 等可形成多种固溶体，使基体金属得到强化。它对骨架材料钨、碳化钨、碳化钛等的润湿情况比对金刚石的润湿好得多。

钴（Co）在结合剂中的行为。在金属结合剂中，钴被认为是最出色的结合剂金属，钴既可以降低结合剂和金刚石的界面张力，液相下对金刚石又有较大的附着功，约 $2.55 \times 10^7 \mathrm{J/cm^2}$，是铜与金刚石的附着功（$2.35 \times 10^8 \mathrm{J/cm^2}$）的十余倍，纯钴或钴基结合剂具有抗弯强度高，对碳材料和碳化物的润湿性和黏结性好，耐磨等优点。钴基结合剂金刚石工具是具有令人满意的寿命和效率的最佳组合。

锡（Sn）在结合剂中的行为。锡是降低液态合金表面张力的元素。具有降低液态合金对金刚石（石墨）的润湿角的作用，其主要作用有两个：一是起黏结相作用，使铁、铜、锡三种金属可以更好地结合在一起；二是改善结合剂的性能，降低金刚石工具的烧结温度。

Sn 粉在熔化后由于毛细管力的作用会被吸入到 Fe 粉和 Cu 粉颗粒的孔隙中，形成一种黏结介质，会使三种金属相互扩散，同时会发生 Fe 粉和 Cu 粉在富 Sn 相中的溶解。当 Sn 粉熔化后，会快速地把足量的 Fe 和 Cu 溶解，从而降低金属结合剂的烧结温度，改善压制成型性。所以 Sn 在结合剂中的应用十分广泛，但因 Sn 的膨胀系数较大，使用受到一定的限制。

铁（Fe）在结合剂中的行为。铁是接触最多的元素，通过合金化，可使铁变成钢和合金。用纯净的铁粉作结合剂，Fe 有双重作用，一是与金刚石形成渗碳体型碳化物；二是与其他元素合金化，强化胎体。铁基结合剂的力学性能高于铜基和铝基结合剂，与金刚石的润湿性高于铜基结合剂和铝基结合剂，铁与金刚石的附着功比钴高。

碳化硅（SiC）在结合剂中的行为。常用的骨架材料以碳化物为主。一般情况下，金属碳化物的熔点高于金属的熔点。骨架材料必须具备与金刚石和黏结金属有好的相容性。同时，还要求具有高的耐磨性。在一些金刚石制品中，随着工艺的逐步改进，骨架材料的用量越来越少。而 SiC 添加到铜基合金中，降低了铜合金和金刚石的界面张力，使接触角减小，由于碳化物形成反应会降低界面张力，和用降低表面张力的元素相比，降低界面张力是起决定性作用的。在杨氏方程中，决定接触角大小的两个因素中，界面张力比表面张力作用更大，从而使结合剂能更好地浸润金刚石，使工具的磨削效率得到提高。

二、金属结合剂金刚石工具用料计算

1. 合金理论密度的计算

由多种金属组元构成的结合剂，经过烧结后就成为合金。合金的理论密度就是结合剂的理论密度，可按下式计算：

$$\rho_{理论} = G \left/ \sum_{i=1}^{n} \frac{g_i}{\rho_i} = G \left/ \left(\frac{g_1}{\rho_1} + \frac{g_2}{\rho_2} + \cdots + \frac{g_n}{\rho_n} \right) \right. \right. \tag{8-23}$$

式中　$\rho_{理论}$——合金的理论密度；

ρ_i——各组元的密度；

G——合金的质量，且 $G = g_1 + g_2 + \cdots + g_n$；

g_i——各组元的质量。

如果已知合金组分的百分数，则上式可以改写成：

$$\rho = \frac{100}{\dfrac{g_1}{\rho_1} + \dfrac{g_2}{\rho_2} + \cdots + \dfrac{g_n}{\rho_n}} \tag{8-24}$$

式中，g_1，g_2，$\cdots$，g_n 为结合剂配方中各组元所占的百分数。

实际上，结合剂很难烧结至理论密度，通常也没有必要达到那么致密的程度。因此上述理论密度只供参考。

2. 金属结合剂金刚石工具用料计算

（1）金刚石的用量。每个工具的金刚石用量可按下式计算：

$$G_d = \rho V \tag{8-25}$$

由于　　　　　　　　　$\rho = 0.88K$　　（g/cm³）

所以　　　　　　　　　$G_d = 0.88KV$ \hfill (8-26)

式中　G_d——金刚石的质量，g；

ρ——单位体积中含有金刚石的质量，g/cm³；

K——金刚石浓度，%；

V——金刚石层的体积，cm^3。

如果金刚石质量以克拉（ct）为单位，那么：

$$\rho = 4.4K \qquad (ct/cm^3)$$

则
$$G_d = 4.4KV \tag{8-27}$$

（2）结合剂的用量。结合剂的用量根据不同的已知条件，可采用不同的计算方式。

1）由结合剂体积计算结合剂质量。金刚石工作层体积 V 减去金刚石所占体积 V_d，其余部分就是结合剂所占体积 V_b，即：

$$V_b = V - V_d$$

因此可以用下式计算结合剂的质量 G_b：

$$G_b = \rho_{理论}V_b = \rho_{理论}(V - V_d) \tag{8-28}$$

由于
$$V_d = CV$$

故有
$$G_b = \rho_{理论}(V - CV) = \rho_{理论}(1 - C)V \tag{8-29}$$

式中，$\rho_{理论}$ 为结合剂理论密度，g/cm^3；C 为金刚石所占体积，%。

体积百分数 C 与浓度百分数的换算关系为：

$$C = 0.25K$$

2）由金刚石质量计算结合剂质量。如果金刚石质量已知，则结合剂质量 G_b 可由金刚石工具工作层质量 G 减去其中金刚石质量 G_d 而得到，即：

$$G_b = G - G_d \tag{8-30}$$

将 G_d 的计算公式代入，得：

$$G_b = G - 0.88KV \quad 或 \quad G_b = G - 4.4KV$$

以 $G = \rho_{理论}V$ 及 $G_d = \rho V$ 代入式（8-30），则有：

$$G_b = \rho_{理论}V - \rho V = (\rho_{理论} - \rho)V$$

三、金属结合剂金刚石工具的热压烧结

热压烧结是把粉末装在模腔内，在加压的同时使粉末加热到正常的烧结温度或更低一些，经过较短时间烧结得到致密而均匀的制品。热压烧结可将压制和烧结两个工序一并完成，可以在较低压力下迅速获得冷压烧结所达不到的密度，从这个意义上说，热压也是一种活化烧结。

热压烧结是粉末冶金发展和应用较早的一种热成型技术。其最大的优点就是可以大大地降低成型压力和缩短烧结时间，另外还可以制得密度极高和晶粒极细的材料。热压是一种强制的烧结过程，所以对粉末间的润湿性要求不是很高，并且在热压过程中，粉末塑性变形很大，使表面的氧化膜破碎，接触面积增大，进一步促进烧结。

热压烧结时胎体的致密化过程可分为三个基本阶段：

（1）速致密化阶段，又称微流动阶段，致密化速度较大。表现为颗粒发生相对滑动、破碎和塑性变形，致密化速度主要取决于粉末的粒度、形状和材料的断裂与屈服强度。

（2）致密化减速阶段，以塑性流动为主要机制，类似烧结后期的闭孔收缩阶段，空隙

的对数与时间呈线性关系。

（3）趋于终极密度阶段，主要以扩散机制使胎体致密化，其速度主要取决于扩散系数和浓度梯度，而扩散系数随温度的增加而增加。

热压烧结加热的方式分为电阻直热式、电阻间热式和感应加热式三种。在电阻烧结过程中，金刚石不导电，不能产生焦耳热。要靠金属粉末传递的热来使金刚石升温，一般在电阻热压烧结中，金刚石温度的升高要滞后于金属粉末。由于电阻烧结是内热式烧结，粉末自行发热一般不需要均温时间，这一点和中频热压烧结不同，中频热压因中频有较强的趋肤效应，石墨模具温度一开始就高于金属粉末温度，测温位置反映的温度与实际粉末温度差异较大。所以在金刚石工具制造中电阻烧结是值得推荐的烧结工艺。

1. 热压烧结工艺

热压烧结工艺流程如图 8-24 所示。

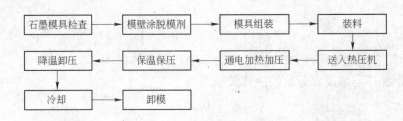

图 8-24　热压烧结工艺流程

2. 工艺参数的选择

（1）压力选择。节块热压的单位压力一般为 20～30MPa。当模具尚未通电加热时，先置于热压机初始压力下，初始压力一般为热压压力的 1/3 左右，开始加热后将压力逐步升高至热压压力。当保温保压完毕，开始降温时，将压力下调至热压压力的 1/3 左右。

（2）烧结温度的选择。在空气中煅烧金刚石的实验表明，800℃ 开始减重，晶体色泽发生变化，900℃ 时质量明显下降，变得疏松易碎，至 1000℃ 完全燃烧，发出耀眼的光而烧成灰烬。所以金属结合剂金刚石工具的热压烧结温度不能高于 900℃，一般为结合剂熔点的 70%～80%。保温时间根据节块的大小以烧透为原则，一般为 5～10min。

四、配方试验项目及试验程序

试验工作是配方设计工作中的一个组成部分。在磨具配方设计中，无论是各种原材料品种和用量的选定，还是磨具组织、气孔率、成型密度的确定，只根据一般原则进行定性的分析，显然是远远不够的，还必须通过各种试验，测定有关的数据，进行定量的评估，才能得到最佳设计方案。

1. 试验项目

需要试验测定的项目包括原材料、磨具产品的性能参数和制造工艺参数。性能参数包括理化性能、力学性能、使用性能等多种参数。

（1）原材料测试项目。对于金刚石、金属粉末、石墨等原料，一般情况下，只要符合技术条件的规定，不需要全面测定各项质量指标。在某些情况下，对原料质量有疑问，或者有某些特殊要求时，必须检测有关的质量指标。

（2）结合剂测试项目。在配方试验中需要对结合剂进行测试的项目是比较多的。配混好的结合剂成型料，一般需要测定其松装密度、流动性、压实性（成型密度）等。

对烧结好的结合剂坯体，通常需要测定其抗拉强度、抗弯强度、韧性（伸长率）、硬度，有时还需要测定耐热性、耐蚀性等。同时，还需要测定相应的烧结工艺参数，包括烧结温度、烧结压力、保温保压时间等。

2. 磨具产品测试项目

需要测定的磨具产品的使用性能，主要有磨耗比（或磨削比）、磨削效率和被加工的工件质量（尺寸和形位公差、表面粗糙度等）。有时还需要测定磨削力和磨削热（磨削温度），考察磨削噪声和堵塞情况，来帮助分析影响磨削比、效率和加工质量的原因，进一步改进配方。磨具的上述各项性能一般都是通过磨削试验测定的，磨削试验是磨具性能最终的、最实际的综合性试验。

配方设计中的试验工作，一般程序是：

（1）在全面分析各种原料性能和作用的基础上，根据磨具使用要求，选择结合剂成分及配比（一般要设计若干种配比，以供优选），经过烧结而制成试样。同时要测定其制造工艺参数。

（2）测定结合剂试样的强度、硬度等各项性能，优选出性能良好的结合剂（一种或两种）。

（3）利用选出的结合剂，按照设想的配方，试制成磨具。

（4）进行磨削试验或单项试验，测定磨具的各项性能，从而优选出最佳配方。

［实验仪器及材料］

（1）托盘天平，感量小于 0.2 克。

（2）成套石墨磨具、纯云母片或石棉板、五金工具（活口扳子、螺丝刀）。

（3）游标卡尺；五金工具（活口扳子、螺丝刀）、金相砂纸。

（4）热压烧结机、抗折强度试验机、硬度计、磨耗比试验机。

（5）实验材料：电解铜粉、锡粉、锌粉、663 青铜粉、镍粉、还原铁粉。

［实验步骤］

（1）实验配方：学生根据课程学习自己拟订。

（2）配料计算：学生根据课程学习自己计算。

（3）磨具尺寸测量和组装。

（4）按照磨具尺寸和配料计算，称取原料，混合均匀。

（5）称取混配料，分别装入各个型腔。

（6）实验员讲解演示热压机的使用方法、参数设定和注意事项。

（7）学生自行设定烧结参数，进行热压烧结。

（8）模具冷却后，拆开模具，取出烧结试样。

（9）用金相砂纸将试样打磨光洁平整，测量抗折强度、硬度及磨耗比。

[**实验报告要求**]

（1）实验名称。

（2）进行本实验的指导思想。

（3）设计结合剂配方。通过查阅文献，根据超硬磨具烧结金属结合剂的要求设计结合剂配方，确定结合剂成分及各成分的含量，给出结合剂中各成分的选用依据，明确各成分在结合剂中的作用。

（4）设计实验方案。学生自行设计实验方案，给出实验流程，各实验步骤的参数。

（5）实验结果分析。对实验结果进行综合分析，分析结合剂配方的优点和不足，对不足部分给出改进方案。

[**思考题**]

（1）烧结金属结合剂性能主要包含哪些性能指标？有何意义？

（2）确定结合剂配方过程中应该考虑哪些方面影响因素？

（3）综合分析实验结果，针对结果分析结合剂配方的优点和不足，提出改进方案。